普通高等教育创新型人才培养系列教材

单片机原理及接口技术

▶ 关丽荣　岳国盛　主编

DANPIANJI YUANLI
JI JIEKOU JISHU

化学工业出版社

·北京·

内 容 简 介

本书以 Intel 公司 8051 单片机为例,系统地介绍了单片机基础知识及接口应用,全书共分 9 章,具体内容包括 8051 单片机基础知识、C51 语言入门、Keil μVision 集成开发环境和单片机的内部结构及最小系统;单片机指令格式、寻址方式、数据传送指令和输出接口电路应用;8051 单片机时序、控制转移指令及输入口应用;算数运算指令和常用外部设备键盘、数码管、液晶显示器接口应用;逻辑运算及移位指令和8051 单片机中断应用;逻辑操作指令及单片机内部定时器的典型应用;单片机与 A/D、D/A 接口电路应用;8051 单片机串行口电路应用。全书注重基础,强调接口应用,以大量简单易懂的典型实例来对单片机软硬件设计进行详细说明和论述,同时为了加深对教材内容的理解,书后配有一定数量的习题与思考题。

本书可作为高等学校机械类专业及相关专业本科教材,还可作为相关专业专科教材,也可作为从事单片机系统应用开发的工程技术人员的初级参考书。

图书在版编目 (CIP) 数据

单片机原理及接口技术/关丽荣,岳国盛主编. —北京:化学工业出版社,2022.8(2023.8重印)
ISBN 978-7-122-41350-5

Ⅰ.①单… Ⅱ.①关… ②岳… Ⅲ.①单片微型计算机-基础理论-高等学校-教材②单片微型计算机-接口技术-高等学校-教材 Ⅳ.①TP368.1

中国版本图书馆 CIP 数据核字 (2022) 第 074416 号

责任编辑:韩庆利 　　　　　　　　　　文字编辑:吴开亮
责任校对:边　涛 　　　　　　　　　　装帧设计:史利平

出版发行:化学工业出版社 (北京市东城区青年湖南街 13 号　邮政编码 100011)
印　　装:北京机工印刷厂有限公司
787mm×1092mm　1/16　印张 14　字数 342 千字　2023 年 8 月北京第 1 版第 2 次印刷

购书咨询:010-64518888 　　　　　　　　售后服务:010-64518899
网　　址:http://www.cip.com.cn
凡购买本书,如有缺损质量问题,本社销售中心负责调换。

定　　价:39.80 元

前言

单片机具有体积小、集成度高、控制功能强、性能价格比高等独特的优点，在工业控制、智能化仪表、数控设备、数据采集、通信以及家用电器等领域中得到了广泛的应用。为了满足市场对应用型本科人才的需求，使应用型本科院校的学生在短时间内能更好地掌握单片机研发技术，同时也为适应单片机原理及应用课程教学改革，编者结合多年一线教学和实践经验，在考察了大量同类教材的基础上，经过总结编写了本书。

本书编写注重基础，强调接口应用，具有以下主要特色。

① 从应用研发角度完整介绍单片机应用系统开发流程。

② 按实际应用模块安排章节内容，并将原理及指令穿插在各个模块中。

③ 补充应用系统实例中涉及的常用元器件知识。

④ 从接口技术应用介绍汇编语言、C51 语言两种程序设计方法。

⑤ 习题安排结合教学例题，突出实践性、应用性、创新性。

本书编写的目的是希望高等学校机械类专业及相关非电子类专业学生在学习单片机原理及接口技术时能从实际工程的角度出发，在掌握单片机基本原理及应用技术的基础上，领会单片机原理，掌握这门课程的工程应用技能，适应市场需要，做到学以致用。

本书由沈阳理工大学关丽荣、岳国盛主编，沈阳理工大学韩辉、杨旗与沈阳建筑大学张辉参与了本书部分章节的编写工作。全书由关丽荣统编、定稿。本书在编写的过程中，借鉴了一些参考文献中提到的成果，在此表示诚挚的感谢。

尽管我们竭尽全力，但毕竟自身水平有限，书中难免有不足之处，恳请读者和同行批评指正。

编 者

目录

第1章 ▶▶
8051单片机的基础知识及开发工具

众所周知，计算机都以二进制形式进行算术运算和逻辑操作，微型计算机也不例外。因此，对于用户在键盘上输入的十进制数字和符号命令，微型计算机必须先把它们转换成二进制形式进行识别、运算和处理，然后再把运算结果还原成十进制数字和符号，并在显示器上显示出来。下面就讨论这方面的知识。

1.1 ◎ 计算机中的主要数制及转换

1.1.1 计算机中的数制

数制是人们利用符号计数的一种科学方法。数制有很多种，微型计算机中常用的数制有十进制、二进制、八进制和十六进制等。任何一种数制都有两个要素：基数和权。基数为数制中所使用的数码的个数。当基数为 R 时，该数制可使用的数码为 $0 \sim R-1$。如二进制中基数为 2，可使用 0 和 1 这两个数码。现对十进制、二进制和十六进制三种数制分别进行介绍。

(1) 十进制（decimal）

十进制是以 10 为基数，它共有 0、1、2、3、4、5、6、7、8、9 十个数码。计数规则是逢十进一，借一当十。任意一个十进制数 N 可表示为

$$N = d_{n-1} \times 10^{n-1} + d_{n-2} \times 10^{n-2} + \cdots + d_1 \times 10^1 + d_0 \times 10^0 + d_{-1} \times 10^{-1} + \cdots + d_{-m} \times 10^{-m}$$

$$= \sum_{i=-m}^{n-1} d_i \times 10^i$$

式中　d_i——第 i 位的数码，可取 $0 \sim 9$；

10^i——第 i 位的权，十进制中，各位的权是 10 的幂；

n——整数部分的位数；

m——小数部分的位数。

例如：

$$1234.5 = 1 \times 10^3 + 2 \times 10^2 + 3 \times 10^1 + 4 \times 10^0 + 5 \times 10^{-1}$$

(2) 二进制（binary）

二进制是以 2 为基数，它共有 0、1 两个数码。计数规则是逢二进一，借一当二。任意一个二进制数 N 可表示为

$$N = d_{n-1} \times 2^{n-1} + d_{n-2} \times 2^{n-2} + \cdots + d_1 \times 2^1 + d_0 \times 2^0 + d_{-1} \times 2^{-1} + \cdots + d_{-m} \times 2^{-m}$$

$$= \sum_{i=-m}^{n-1} d_i \times 2^i$$

式中　d_i——第 i 位的数码，可取 0、1；

　　　2^i——第 i 位的权，二进制中，各位的权是 2 的幂；

　　n，m——含义与十进制相同。

例如：

$1101.1B = 1 \times 2^3 + 1 \times 2^2 + 0 \times 2^1 + 1 \times 2^0 + 1 \times 2^{-1} = 13.5$

（3）十六进制（hexadecimal）

十六进制是以 16 为基数，它共有 0、1、2、3、4、5、6、7、8、9、A、B、C、D、E、F 十六个数码。计数规则是逢十六进一，借一当十六。任意一个十六进制数 N 可表示为

$$N = d_{n-1} \times 16^{n-1} + d_{n-2} \times 16^{n-2} + \cdots + d_1 \times 16^1 + d_0 \times 16^0 + d_{-1} \times 16^{-1} + \cdots + d_{-m} \times 16^{-m}$$
$$= \sum_{i=-m}^{n-1} d_i \times 16^i$$

式中　d_i——第 i 位的数码，可取 0~9、A~F；

　　　16^i——第 i 位的权，十六进制中，各位的权是 16 的幂；

　　n，m——含义与十进制相同。

例如：

$12AB.EFH = 1 \times 16^3 + 2 \times 16^2 + A \times 16^1 + B \times 16^0 + E \times 16^{-1} + F \times 16^{-2} = 4779.93359$

在计算机内部，数的表示形式是二进制。这是因为二进制数只有 0 和 1 两个数码，采用晶体管的导通和截止、脉冲的高电平和低电平等都很容易表示它。此外，二进制数运算简单，便于用电子线路实现。但在实际应用中，为了减轻阅读和书写二进制数（特别是位数较长的二进制数）时的负担，常常采用十六进制数描述二进制数。

在阅读和书写不同数制的数时，如果不在每个数上外加一些辨认标记，就会混淆，从而无法分清。通常，标记方法有两种：一种是把数加上方括号，并在方括号右下角标注数制代号，如 $[2A]_{16}$、$[101]_2$ 和 $[45]_{10}$ 分别表示十六进制、二进制和十进制数；另一种是用英文字母标记加在被标记数的后面，分别用 B、D 和 H 大写字母表示二进制、十进制和十六进制数，如 2AH 为十六进制数、101B 为二进制数、45D 为十进制数，由于人们生活中采用的数为十进制数，所以标记 D 也可以省略。

1.1.2　数制之间的转换

（1）二进制数和十进制数之间的转换

① 二进制数转换成十进制数。转换时只要把欲转换的数按权展开后相加即可。例如：

$1101.11B = 1 \times 2^3 + 1 \times 2^2 + 0 \times 2^1 + 1 \times 2^0 + 1 \times 2^{-1} + 1 \times 2^{-2} = 13.75$

② 十进制数转换成二进制数。

a. 十进制整数转换为二进制整数常采用除 2 取余法。用 2 连续去除要转换的十进制数，直到商小于 2 为止，把各次余数按最后得到的为最高位、最先得到的为最低位，依次排列起来所得到的数便是所求的二进制数。

b. 十进制小数转换为二进制小数通常采用乘 2 取整法。用 2 连续去乘要转换的十进制小数，直到所得积的小数部分为 0 或满足所需精度为止，把各次整数按最先得到的为最高位、最后得到的为最低位，依次排列起来所得到的数便是所求的二进制小数。

【例 1.1】　求出十进制数 25 的二进制数。

解　把 25 连续除以 2，直到商数小于 2，把所得余数按箭头方向从高位到低位排列起来

便可得到 25＝11001B。相应竖式如图 1.1 所示。

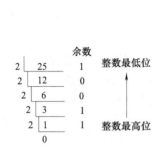

图 1.1 25 转换为二进制数过程

图 1.2 0.706 转换为二进制数过程

【例 1.2】 求十进制小数 0.706 转换为二进制小数（精确到小数点后 5 位）。

解 把 0.706 不断地乘以 2，取每次所得乘积的整数部分，直到乘积的小数部分满足所需精度，把所得整数按箭头方向从高位到低位排列起来便可得到 0.706＝0.10110B。相应竖式如图 1.2 所示。

（2）十进制数和十六进制数之间转换

① 十进制数转换成十六进制数。十进制数转换成十六进制数与十进制数转换成二进制数的方法类似，即十进制整数转换为十六进制整数采用除 16 取余法，而十进制小数转换为十六进制小数采用乘 16 取整法。例如：100.76171875＝64.C3H。相应竖式如图 1.3 所示。

(a) 整数部分转换　　　　　　　　　　(b) 小数部分转换

图 1.3 100.76171875 转换为十六进制数过程

② 十六进制数转换成十进制数。十六进制数转换成十进制数与二进制数转换成十进制数的方法类似，即可以把十六进制数按权展开后相加。例如：

$$3FH＝3\times16^1＋F\times16^0＝63$$

（3）二进制数和十六进制数之间转换

① 二进制数转换成十六进制数。二者之间转换十分方便，以四位为一组，从二进制数的小数点开始，整数部分从低位开始，不足 4 位的前面补 0，小数部分从最高位开始，不足 4 位的后面补 0，然后分别把每组用十六进制数码表示，并按序相连。例如：

1011 0101.1001 1110＝B5.9EH

② 十六进制数转换成二进制数。把十六进制数的每位分别用 4 位二进制数码表示，然后把它们连成一体。例如：

CF56H＝1100 1111 0101 0110B

1.1.3 计算机中数的表示形式

在现代微型计算机中，运算器电路的设计非常简单，主要由一个补码加法器、n 位寄存器/计数器组和移位控制电路等组成，能进行各种算术运算和逻辑操作。补码加法器既能做加法又能将减法运算变为加法来做。下面介绍计算机中的码制。

计算机中的数通常有两种：无符号数和符号数。

(1) 无符号数在计算机中的表示

无符号数不带符号，表示时比较简单，在计算机中一般直接用二进制数的形式表示，位数不足时前面加 0 补充。对一个 n 位二进制数，它能表示的无符号数范围是 $0 \sim 2^n - 1$。例如，假设机器字长为 8 位，无符号数 254 在计算机中表示为 11111110B，123 在计算机中表示为 01111011B。

(2) 有符号数在计算机中的表示

有符号数带有正负号。计算机中表示有符号数时采用二进制数的最高位来表示符号。用 0 表示正数的符号＋；用 1 表示负数的符号－；其余位表示有符号数的数值大小，称为数值位。通常，把一个数及其符号位在计算机中的表示形式称为机器数。在计算机中，常用的机器数有原码、反码、补码 3 种形式。

① 原码。符号位为 0 表示该数为正数，符号位为 1 表示它是负数。通常，一个数的原码可以先把该数用方括号括起来，并在方括号右下角加个"原"字来标记。

【例 1.3】 设 $X = +1010B$，$Y = -1010B$，请写出 X 和 Y 在 8 位微型计算机中的原码。

解 $[X]_原 = 00001010B$ $\qquad\qquad$ $[Y]_原 = 10001010B$

② 反码。在微型计算机中，二进制数的反码求法很简单，有正数的反码和负数的反码之分。正数的反码和原码相同；负数反码的符号位和负数原码的符号位相同，数值位是它的数值位的按位取反。反码的标记方法与原码类似。

【例 1.4】 设 $X = +1101101B$，$Y = -0110110B$，请写出 X 和 Y 的反码。

解 $[X]_反 = 01101101B$ $\qquad\qquad$ $[Y]_反 = 11001001B$

③ 补码。在日常生活中，补码的概念是经常会遇到的。例如，如果现在是北京时间下午 3：00，而手表还停在早上 8：00。为了校准手表，自然可以顺拨 7 个小时，但也可倒拨 5 个小时，效果都是相同的。显然，顺拨时针是加法操作，倒拨时针是减法操作，据此便可得到如下两个数学表达式：

顺拨时针 8＋7＝12(自动丢失)＋3＝3

倒拨时针 8－5＝3

顺拨时针时，自动丢失的数 12：00 被称为 0：00。在数学上，这个自动丢失的数 12 称为模（mod），这种带模的加法称为按模 12 的加法，通常写为

$$8+7=3(\bmod 12)$$

比较上述两个数学表达式，可发现 8－5 的减法和 8＋7 的按模加法等价。这里，＋7 和－5 是互补的，＋7 称为－5 的补码（mod 12）。这就是说，8－5 的减法可以用 $8+[-5]_补=8+7$ （mod 12）的加法替代。

在微型计算机中，正数的补码和原码相同；负数补码等于它的反码加 1。标记方法同上。

【例 1.5】 设 $X = +1101101B$，$Y = -0110110B$，请写出 X 和 Y 的补码。

解 $[X]_补 = 01101101B$ $\qquad\qquad$ $[Y]_补 = 11001010B$

1.2 ◐ 计算机中数和字符的编码

在计算机中，由于机器只能识别二进制数，因此键盘上所有数字、字母和符号也必须事先为它们进行二进制编码，以便机器对它们加以识别、存储、处理和传送。下面介绍两种微型计算机中常用的编码：BCD 码和 ASCII 码。

（1）BCD 码

BCD 码是一种具有十进制权的二进制编码。BCD 码的种类较多，这里只介绍 8421 BCD 码。

8421 BCD 码是采用 4 位二进制数的前 10 种组合来表示 0～9 这 10 个十进制数。这种代码每一位的权都是固定不变的，和 4 位二进制数一样，从高位到低位各位的权分别为 8、4、2、1，故称为 8421 BCD 码，如表 1.1 所示。

BCD 数是由 BCD 码构成的，虽然以二进制形式出现，但却不是真正的二进制数，运算之后的结果也必须是 BCD 数。

表 1.1　8421 BCD 码

十进制数	BCD 码	十进制数	BCD 码
0	0000	5	0101
1	0001	6	0110
2	0010	7	0111
3	0011	8	1000
4	0100	9	1001

（2）ASCII 码（字符编码）

ASCII 码是美国标准信息交换码。由于现代微型计算机不仅要处理数字信息，还要处理大量字母和符号，这就需要人们对这些数字、字母和符号进行二进制编码，以供微型计算机识别、存储、处理和传送。这些数字、字母和符号统称字符，故字母和符号的二进制编码又称字符编码。

通常，ASCII 码由 7 位二进制数表示，共 128 个字符编码，如表 1.2 所示。这 128 个字符共分两类：一类是图形字符，共 96 个；另一类是控制字符，共 32 个。96 个图形字符包括十进制数符号 10 个、大小写英文字母 52 个以及其他字符 34 个，这类字符有特定形状，可以显示在显示器上以及打印在打印纸上，其编码可以存储、传送和处理。32 个控制字符包括回车符、换行符、退格符、设备控制符和信息分隔符等，这类字符没有特定形状，其编码虽然可以存储、传送和起某种控制作用，但字符本身不能在显示器上显示，也不能在打印机上打印。

表 1.2　ASCII 码表

$d_3d_2d_1d_0$ ＼ $d_6d_5d_4$	000	001	010	011	100	101	110	111
0000	NUL	DLE	SP	0	@	P	、	p
0001	SOH	DC1	!	1	A	Q	a	q

$d_3d_2d_1d_0$ \ $d_6d_5d_4$	000	001	010	011	100	101	110	111
0010	STX	DC2	"	2	B	R	b	r
0011	ETX	DC3	#	3	C	S	c	s
0100	EOT	DC4	$	4	D	T	d	t
0101	ENQ	NAK	%	5	E	U	e	u
0110	ACK	SYN	&	6	F	V	f	v
0111	BEL	TB	'	7	G	W	g	w
1000	BS	CAN	(	8	H	X	h	x
1001	HT	EM	)	9	I	Y	i	y
1010	LF	SUB	*	:	J	Z	j	z
1011	VT	ESC	+	;	K	[	k	{
1100	FF	FS	,	<	L	\	l	|
1101	CR	GS	—	=	M	]	m	}
1110	SO	RS	·	>	N	↑	n	~
1111	SI	US	/	?	O	←	o	DEL

1.3 ➡ 单片机基本认知

1.3.1 单片机的概念及特点

（1）单片机的概念

如图 1.4 所示单片机，在外观上与常见的集成电路块一样，体积很小，多为黑色长条状，条状左右两侧各有一排金属引脚，可与外电路连接。

图 1.4 Atmel 89C51 单片机外观

单片机将计算机的中央处理器（CPU）、存储器（ROM/RAM）、输入输出（I/O）、定时器/计数器（timer/counter）、中断（interruption）系统等集成在一片芯片上，因此，被称为单片微型计算机（single chip microcomputer），简称单片机。

单片机也称微控制器或嵌入式微控制器。计算机是依靠输入程序来工作的，同样，单片机工作也需要事先输入程序。

（2）单片机的特点

① 高性能、低价格。一片单片机从功能上讲相当于一台微型计算机，可是价格却很低，一片单片机的价格一般为几元至几十元。而且，随着科学技术的发展和市场竞争的加剧，世界上生产单片机的各大公司都在不断地采用新技术来提高单片机的性能，同时又进一步降低其价格。

② 体积小、可靠性高。在单片机的芯片内，除一般必须具有的 ROM、RAM、定时器/计数器、中断系统外，还尽可能地把众多的各种外围功能器件集成在片内，减少了外部各芯片之间的连接，大大提高了单片机的可靠性和抗干扰能力。

③ 低电压、低功耗。一般单片机的工作电压为 5V，有的单片机可以在 1.8～3.6V 的电压下工作，而且，工耗降至 μA 级。例如，MSP430 超低功耗类型的单片机，两个纽扣电池就可以保障其运行长达近 10 年。单片机的这种低电压、低功耗的特性，对于设计和开发携带式智能产品和家用消费类产品显得非常重要。

1.3.2 单片机的应用

只需在电路中添加少许元器件，通过编写程序就可以实现多种功能的单片机自动控制。单片机接上键盘可以进行数据输入；单片机接上显示器可以实现数据显示；单片机接上喇叭可以实现声音输出；单片机可以用来通信，也可以用来计数和定时，还可以控制红绿灯的闪烁、电动机的运转以及机器人的活动等，如图 1.5 所示。

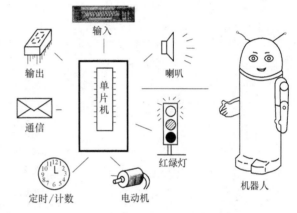

图 1.5 单片机应用

由于单片机体积小巧、功能强大、应用灵活、价格便宜，所以应用十分广泛，已经在工业控制、国防装备、智能仪器等领域得到了广泛应用。现在，人们日常生活中所使用的各种家用电器，例如洗衣机、电冰箱、空调、微波炉、电饭煲、音响、电风扇，以及高档电子玩具等，也普遍采用了单片机来代替传统的控制电路，既降低了成本，又提高了自动化程度。

1.3.3 单片机的开发环境

应用单片机，要建立单片机的开发环境，主要包括下面几个部分。

① 计算机。

② 单片机集成开发系统软件。单片机集成开发系统软件是指用来在计算机上编写、汇编、仿真、调试单片机程序的软件。

目前用来开发单片机程序的应用软件比较多，如 Keil 公司的 Keil C51（评估展示版）以及 Medwin 等，都是比较好的 MCS-51 系列单片机集成开发系统软件。

③ 编程器。编程器是用来将编好的程序烧写到单片机内的设备。

用集成开发系统软件（如 Keil C51 或 Medwin）编写并生成单片机目标代码后，需要用编程器将目标代码，即扩展名为.HEX 的可执行文件烧写到单片机中。编程器是一个设备，上面有单片机插座及与计算机的连线等。

编程器按照功能可分单一型和万能型。单一型编程器只能对单一系列的某些型号的单片机芯片进行写入操作；万能型编程器能对多种系列的多种型号的单片机芯片进行写入操作。前者结构简单、价格便宜；后者功能强大，但价格较贵。

编程器按与计算机的连接方式可分为串口编程器和并口编程器两种。串口编程器通过连线接在计算机的串行端口，即通信端口上；并口编程器通过连线接在计算机的并行端口，即打印机端口上。购买时一般选择串口编程器，串口编程器还可以很方便地进行通信程序实验。

④ 实验板。实验板实际上是一个小的单片机实验系统。写入程序的单片机需要安装到实验板上运行以后才能验证编写的程序是否正确。实验板上带有单片机插座、发光二极管、数码管、蜂鸣器等元器件。实验板可以自制，也可以购买。

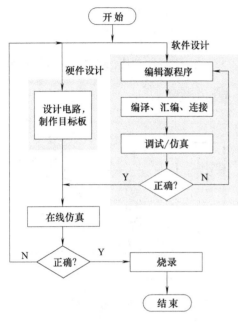

图 1.6　单片机系统的程序开发流程

1.3.4　单片机系统的程序开发流程

单片机系统的程序开发流程可分为软件与硬件两部分，而这两部分是并行开发的。在硬件开发方面，主要是设计电路，制作目标板。在软件开发方面，则是编辑源程序（可使用汇编语言或 C 语言编写），再经过编译、汇编、连接成为可执行程序代码，然后进行调试和仿真。当完成软件设计后，即可应用在线仿真器，下载该可执行程序代码，然后在目标板上进行在线仿真。若软、硬件设计无误，则可利用 IC 烧录器将可执行程序代码烧录到 8051，最后将该 8051 插入目标板，即完成设计，如图 1.6 所示。

需要注意的是：在开发环境下编写源程序，使用汇编语言编写的源程序文件名后缀（即扩展名）为 .ASM，而用 C 语言编写的后缀为 .C。

1.4　⟡ C51 语言入门

1.4.1　C51 语言概述

C 语言作为一种非常方便的编程语言而得到广泛的应用，很多程序的开发都用 C 语言，如各种单片机、DSP、ARM 等。C 语言程序本身不依赖于机器硬件系统，基本上不做修改或仅做简单的修改，就可将程序移植到不同的系统。

C 语言提供了很多数学函数，并支持浮点运算，开发效率高，可极大地缩短开发时间，增加程序可读性和可维护性。单片机的 C51 语言编程与用汇编语言编程相比，具有如下优点。

① 对单片机的指令系统不要求有任何的了解，就可以用 C51 语言直接编程操作单片机。

② 寄存器的分配、不同存储器的寻址及数据类型等细节，完全由编译器自动管理。

③ 程序有规范的结构，可分成不同的函数，可使程序结构化。

④ 库中包含许多标准子程序，具有较强的数据处理能力，使用方便。

⑤ 具有方便的模块化编程技术，使已编好的程序很容易移植。

1.4.2 C51 语言数据类型

在 C51 语言中，每个变量或者常量在使用前都必须指明数据类型。这是因为我们给单片机编程时，单片机也要运算，而在单片机的运算中，这个"变量"数据的大小是有限制的。我们不能随意给一个变量赋任意的值，因为变量在单片机的内存中是要占据空间的。变量大小不同，所占据的空间就不同，为了合理利用单片机内存空间，在编程时就要设定合适的数据类型，不同的数据类型也就代表了十进制中不同的数据大小，所以在设定一个变量之前，必须要给编译器声明这个变量的类型，以便让编译器提前从单片机内存中给这个变量分配合适的空间。常量亦是如此，例如它可以是 10，也可以是 10000。C51 语言中常用的数据类型为基本数据类型和扩充数据类型。

（1）基本数据类型

C51 语言中常用的基本数据类型如表 1.3 所示。

表 1.3　C51 语言中常用的基本数据类型

数据类型	关键字	所占位数	表示数的范围
无符号字符型	unsigned char	8	$0 \sim 255$
有符号字符型	char	8	$-128 \sim +127$
无符号整型	unsigned int	16	$0 \sim 65535$
有符号整型	int	16	$-32768 \sim +32767$
无符号长整型	unsigned long	32	$0 \sim 2^{32}-1$
有符号长整型	long	32	$-2^{31} \sim 2^{31}-1$
单精度实型	float	32	$-3.4e^{38} \sim -1.4e^{-45}$，$1.4e^{-45} \sim 3.4e^{38}$
双精度实型	double	64	$-1.7e^{308} \sim -1.7e^{308}$

（2）扩充数据类型

单片机内部有很多的特殊功能寄存器，每个寄存器在单片机内部都分配有唯一的地址，一般会根据寄存器功能的不同给寄存器赋予各自的名称，当需要在程序中操作这些特殊功能寄存器时，必须在程序的最前面将这些名称加以声明，声明的过程实际就是将这个寄存器在内存中的地址赋给这个名称，这样编译器在以后的程序中才可识别这些名称所对应的寄存器。这些寄存器的声明已经被包含在 MCS-51 系列单片机的特殊功能寄存器声明头文件"reg51. h""reg52. h"中了。

C51 语言扩充数据类型如下。

sfr：特殊功能寄存器的数据声明，声明一个 8 位的寄存器。

sfr16：16 位特殊功能寄存器的数据声明。

sbit：特殊功能位声明，声明某一个特殊功能寄存器中的某一位。

bit：位变量声明，当定义单片机内部 RAM 可位寻址区某一个位变量时，可使用此符号。

例如：sfr SCON＝0x98；

SCON 是单片机的串行口控制寄存器，这个寄存器在单片机内存中的地址为 0x98。这样声明后，在以后要操作这个控制寄存器时，就可以直接对 SCON 进行操作，这时编译器也会识别，实际要操作的是单片机内部 0x98 地址处的这个寄存器，SCON 仅是这个地址的一个代号或者名称而已，当然，也可以定义成其他名称。

例如：sfr16＝T1；

声明一个16位的特殊功能寄存器T1，它的起始地址为0x8B。

例如：sbit TI＝SCON＾1；

SCON是一个8位寄存器，SCON＾1表示这个8位寄存器的次低位，最低位是SCON＾0；SCON＾7表示这个寄存器的最高位。该语句的功能就是将SCON寄存器的次低位声明为TI，以后若要对SCON寄存器的次低位操作，则可直接操作TI。

1.4.3 C51语言变量与存储类型

变量是程序运行过程中其值可以改变的量。一个变量由两部分组成：变量名和变量值。每个变量都有一个变量名。变量在存储器中占用一定的存储单元，变量的数据类型不同，占用的存储单元数也不一样。在存储单元中存放的内容就是变量值。

C51语言中，变量使用前必须对其进行声明。声明的总体格式与C语言相同，但由于MCS-51系列单片机的存储器组织与通用的微型计算机不一样，MCS-51系列单片机的存储器分为片内数据存储器、片外数据存储器和程序存储器，另外，还有位寻址区。不同的存储器访问的方式不同，同一段存储区域又可以用多种方式访问。因而，在定义变量时，必须指明变量的存储区域与访问方式，以便编译器为它分配相应的存储单元。

例如：char data k;

声明字符型变量k在片内RAM低128B用直接寻址方式访问。

例如：int xdata aa;

声明整型变量aa在片外RAM用DPTR间接访问。

C51语言的存储器类型如表1.4所示。

表1.4　C51语言的存储器类型

存储器类型	说　　明	适用范围
code	程序存储器	0～0xffff
data	直接寻址的内部数据存储器	0～0x7f
idata	间接寻址的内部数据存储器	0x80～0xff
bdata	位寻址的内部数据存储器	0x20～0x2f
xdata	以DPTR寻址的外部数据存储器	0～0xffff
pdata	以R0、R1寻址的外部数据存储器	0～0xff

1.4.4 C51语言绝对地址的访问

在C51语言中，编程往往少不了要直接操作系统的各个存储器地址空间。C51语言程序经过编译之后产生的目标代码具有浮动地址，其绝对地址必须经过BL51连接定位后才能确定。为了能够在C51语言程序中直接对任意指定的存储器地址进行操作，可以通过变量的形式访问MCS-51系列单片机的存储器，也可以通过绝对地址来访问存储器。C51语言绝对地址访问形式有三种：宏定义、指针和关键字"_at_"。

（1）使用宏定义访问

在程序中，用 ＃include＜absacc.h＞ 指令即可使用其中定义的宏来访问绝对地址，包括 CBYTE、DBYTE、PBYTE、XBYTE、CWORD、DWORD、PWORD、XWORD。其中，CBYTE 以字节形式对 code 区寻址，DBYTE 以字节形式对 data 区寻址，PBYTE 以字节形式对 pdata 区或 I/O 口寻址，XBYTE 以字节形式对 xdata 区或 I/O 口寻址，CWORD 以字形式对 code 区寻址，DWORD 以字形式对 data 区寻址，PWORD 以字形式对 pdata 区或 I/O 口寻址，XWORD 以字形式对 xdata 区或 I/O 口寻址。

例如：CBYTE [0x0100]＝0；

向程序存储器的 0x0100 地址写 0。

例如：XBYTE [0x1000]＝0；

向片外 RAM 的 0x1000 地址写 0。

（2）使用指针访问

采用指针的方法，可以在 C51 语言程序中对任意指定的存储器单元进行访问。

例如：char xdata *k1；

k1＝0x1000；

声明指向 xdata 区，地址为 0x1000 的指针 k1。

例如：char pdata *k2；

k2＝0x30；

声明指向 pdata 区，地址为 0x30 的指针 k2。

（3）使用关键字"_at_"访问

使用关键字"_at_"访问存储器一般格式如下：

[存储器类型] 数据类型 标识符 _at_ 地址常数；

其中：

① 存储器类型。idata、data、xdata 等 C51 语言能够识别的所有类型，最好不要省略。

② 数据类型。可以用 int、long、float 等基本数据类型，当然也可以用数组、结构等复杂数据类型，一般用 unsigned int 就可以解决很多问题了。

③ 标识符。就是要定义的变量名，由编程者自己决定。

④ 地址常数。就是要直接操作的存储器的绝对地址，必须位于有效的存储器空间之内。

注意：不能对变量进行初始化，只能是全局变量，一般不要轻易用，免得出错。

例如：xdata unsigned int ss _at_ 0x0100；

声明在 xdata 区变量 ss 的地址为 0x0100。

1.4.5 C51 语言函数

C51 语言程序与标准 C 语言类似，程序是由若干函数组成的，程序从主函数 main（）开始，并在主函数中结束。除了主函数，也有标准库函数和用户自定义函数。标准库函数是 C51 语言编译器提供的，不需要用户进行定义，可以直接调用。用户也可自己定义函数，它们的使用方法与标准 C 语言基本相同。但 C51 语言针对的是 MCS-51 系列单片机，C51 语言的函数在有些方面还是与标准 C 语言不同，参数传递和返回值与标准 C 语言中是不一样的，而且 C51 语言又对标准 C 语言做了相应的扩展。这里不再详述。

中断函数是 C51 语言特有的子程序，C51 语言允许用户创建中断函数。在 C51 语言程序设计中，经常用中断函数来实现系统实时性，提高程序处理效率。

中断函数的使用不需要声明，也不传递参数，也不返回值。第一行格式如下：

void 中断函数名称（void） interrupt 中断号［using］［寄存器组号］；

MCS-51 系列单片机的六个中断源按优先级顺序对应中断号 0 ～ 5：

0——外部中断 0

1——定时器/计数器 T0

2——外部中断 1

3——定时器/计数器 T1

4——串口中断

5——定时器/计数器 T2

MCS-51 系列单片机分配 4 组不同的地址与内部工作寄存器 R0 ～ R7 对应，对应组号为 0 ～ 3，见图 2.4。

例如：void INT_T0 （void） interrupt 1；

void int0 （void） interrupt 0 using 1；

采用第 0 组寄存器省略 using 和寄存器组号，采用其他三组不能省略。

1.5 ◯ Keil μVision 集成开发环境

Keil 公司的 μVision 集成开发环境（Integrated Development Environment，IDE）是为 8051 编程人员提供程序编辑、编译、运行和调试的平台的软件。本章将简要介绍 Keil μVision IDE 的使用方法。

1.5.1 软件简介

Keil 软件是目前最流行的开发 51 系列单片机的软件，支持 C 语言、汇编语言。Keil 提供了包括 C 编译器、宏汇编、连接器、库管理和一个功能强大的仿真调试器等在内的完整开发方案，通过一个集成开发环境（μVision）将这些部分组合在一起，在 Windows 操作平台运行，界面友好，易学易用。无论用户使用汇编语言还是使用 C 语言编程，其方便易用的集成环境、强大的软件仿真调试工具都会令程序开发事半功倍。

（1）Keil μVision IDE 的安装

Keil μVision IDE 的安装与其他软件的安装方法相同，安装过程比较简单。运行 Keil μVision IDE 的安装程序 SETUP.EXE，然后按默认的安装目录或设置新的安装目录将 Keil μVision IDE 软件安装到计算机上，同时在桌面建立一个快捷图标。

（2）Keil μVision IDE 界面

本章以 Keil μVision2 为例介绍该软件，双击桌面 Keil μVision2 图标，它的主界面如图 1.7 所示。主窗口包括工作空间窗口、编辑窗口和输出窗口三部分。工作空间窗口是包括三个选项的窗格，即 Files、Regs 和 Books。Files 窗格允许用户管理当前项目的各种源文件。

在这个主界面，可以建立工程项目文件、编写源程序、编译、连接产生可执行 HEX 文件及进行程序调试。

主界面标题栏下是菜单栏，菜单栏下面是工具栏。菜单栏提供多个菜单，如 File 菜单、Edit 菜单、Project 菜单、Debug 菜单、Peripherals 菜单、Help 菜单等。工具栏按钮提供键盘快捷键（用户可自行设置），允许快速执行 Keil μVision IDE 命令。

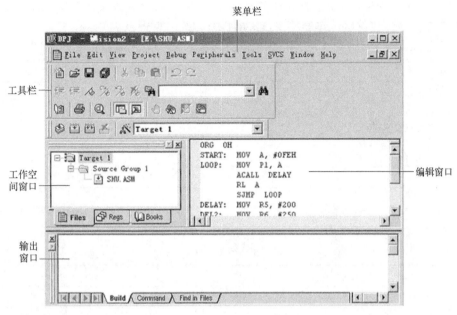

图 1.7　Keil μVision2 主界面

　　下面列出了 Keil μVision IDE 程序开发中常用的命令、默认的快捷键以及它们的功能描述。

　　① File 菜单。File 菜单包括常用的文件功能，如新建文件、打开文件、保存文件、关闭文件、文件另存为、保存所有文件，也可打印、打印预览，以及退出 Keil μVision2，见表1.5。

表 1.5　File 菜单

命令	快捷键	功能描述
New	Ctrl+N	创建新文件
Open	Ctrl+O	打开已有文件
Close		关闭当前文件
Save	Ctrl+S	保存当前文件
Save as		文件另存为
Save all		保存所有文件
Print	Ctrl+P	打印当前文件
Print Preview		打印预览
Exit		退出 Keil μVision2

　　② Edit 菜单。Edit 菜单包括常用的文本编辑功能，如撤销/恢复操作，剪切、复制、粘贴文本，见表1.6。

表 1.6　Edit 菜单

命令	快捷键	功能描述
Undo	Ctrl+Z	撤销上次操作
Redo	Ctrl+Shift+Z	恢复上次操作
Cut	Ctrl+X	剪切选取文本
Copy	Ctrl+C	复制选取文本
Paste	Ctrl+V	粘贴文本

③ View 菜单。View 菜单包括常用的显示/隐藏窗口功能，如项目窗口、输出窗口、反汇编窗口、观察和堆栈窗口、存储器窗口、串口窗口等，见表 1.7。

表 1.7 View 菜单

命令	功能描述	命令	功能描述
Project Window	显示/隐藏项目窗口	Code Coverage Window	显示/隐藏代码报告窗口
Output Window	显示/隐藏输出窗口	Serial Window #1	显示/隐藏串口 1 窗口
Disassembly Window	显示/隐藏反汇编窗口	Serial Window #2	显示/隐藏串口 2 窗口
Watch&Call Stack Window	显示/隐藏观察和堆栈窗口	Periodic Window Update	程序运行时刷新调试窗口
Memory Window	显示/隐藏存储器窗口		

④ Project 菜单。Project 菜单包括常用的项目功能，如新建项目、打开项目、关闭项目、选择对象 CPU、编译文件、停止编译过程等，见表 1.8。

表 1.8 Project 菜单

命令	快捷键	功能描述
New Project		创建新项目
Open Project		打开已存在项目
Close Project		关闭当前项目
Select Device for Target		选择对象 CPU
Options for Targets		修改目标选项
Build Target	F7	编译文件
Rebuild Target		重新编译文件
Stop Build		停止编译过程

⑤ Debug 菜单。Debug 菜单包括常用的调试功能，如开始/停止调试、全速执行、单步执行、停止程序、设置/取消断点等，见表 1.9。

表 1.9 Debug 菜单

命令	快捷键	功能描述
Start/Stop Debug Session	Ctrl+F5	开始/停止调试
Go	F5	全速执行程序
Step	F11	单步执行,遇到子程序则进入
Step Over	F10	单步执行,遇到调用子程序,执行子程序,但不进入
Step Out of Current Function	Ctrl+F11	执行到当前的函数结束
Run to Cursor Line		执行到光标行
Stop Running	Esc	停止程序执行
Breakpoints		打开断点对话框
Insert/Remove Breakpoint		设置/取消当前行的断点
Enable/Disable Breakpoint		使能/禁止当前行的断点
Disable All Breakpoints		禁止所有的断点
Kill All Breakpoints		取消所有的断点
Show Next Statement		显示下一条指令

⑥ Peripherals 菜单。Peripherals 菜单可方便观察中断、I/O 口、串口、定时器寄存器的状态，见表 1.10。

表 1.10　Peripherals 菜单

命令	功能描述
Reset CPU	复位 CPU
Interrupt	中断系统 SFR 状态
I/O-ports	I/O 口 SFR 状态
Serial	串口 SFR 状态
Timer	定时器 SFR 状态

1.5.2　Keil 使用方法

本节通过一个具体例子说明 Keil 软件的使用方法。

（1）建立项目

在编辑窗口，选择 "Project"→"New Project" 命令建立项目文件，如图 1.8 所示。在 "Create New Project" 窗口中选择新建项目文件的位置，输入新建项目文件的名称，单击 "保存" 按钮，将弹出如图 1.9 所示的 "Select Device for Target 'Target 1'" 窗口，用户可以根据所选择的单片机型号选择 CPU。Keil μVision IDE 几乎支持所有的 51 核心的单片机，并以列表的形式给出。选中芯片后，在右边的描述框中将同时显示选中的芯片的相关信息以供用户参考。本例选择 Atmel 公司的 "AT 89C51"，单击 "确定" 按钮后完成项目的建立。

图 1.8　新建项目

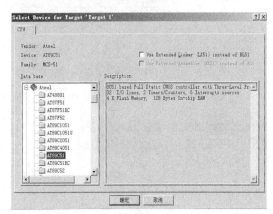

图 1.9　选择单片机类型

（2）创建文件

创建文件的具体步骤如下。

① 选择 New。

在项目界面，选择 "File"→"New" 命令，如图 1.10 所示。

② 打开文本编辑窗口。

单击 "New" 命令，出现如图 1.11 所示的 Text3 文本编辑窗口，此时可在 Text3 中编写汇编语言或 C 语言程序。

③ 保存文件。

选择 "File"→"Save As" 命令，如图 1.12 所示，填写文件名并将文件保存在设定的目录中。假设目录设置为 "E:\"，填写的文件名为 "SHU.ASM"。文件名可任意，不分大小

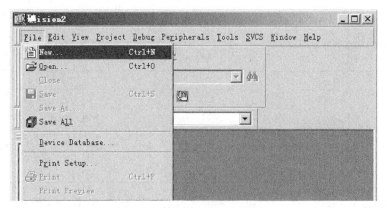

图 1.10 选择 "New" 命令

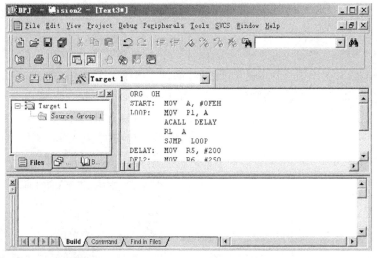

图 1.11 在 Text3 编写源程序

图 1.12 选择目录及填写文件名

写, 但后缀必须是 .ASM, 然后单击 "保存" 按钮即可。

（3）向项目里添加源程序

向项目里添加源程序的具体步骤如下。

① 在项目窗口中, 单击 "Target 1" 前面的 "＋" 号, 展开里面的内容 "Source Group 1", 使用鼠标右键单击 "Source Group 1", 如图 1.13 所示。

② 选择 "Add Files to Group 'Source Group 1'" 命令, 如图 1.14 所示, 可以双击列表中前面已经建立好的文件 "SHU.ASM" 给项目添加。也可以先在文件类型下拉菜单中选择 "Asm Sourse file" 命令, 然后输入文件名, 再单击 "Add" 按钮, 把文件加载到项目里面。如图 1.15 所示。

（4）文件的编译、连接, 形成目标文件

当把源程序文件添加到项目文件中, 程序文件已经建立并且存盘后, 就可以进行编译, 连接形成目标文件。

选择 "Project"→"Build Target" 命令。编译时, 如果程序有错, 则编译不成功, 并在下面的信息窗口给出相应的出错提示信息, 以便用户进行修改, 修改后再编译、连接, 这个过程可能会重复多次。如果没有错误, 则编译、连接成功, 并且在信息窗口给出提示信息:

""DPJ"-0 Error（s），0 Warning（s）。"，如图 1.16 所示。

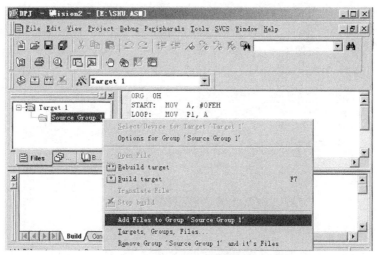

图 1.13　选择添加程序命令

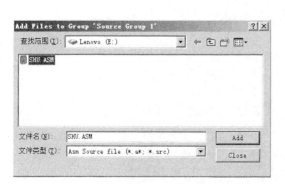

图 1.14　添加源程序文件窗口

图 1.15　源程序文件加入项目

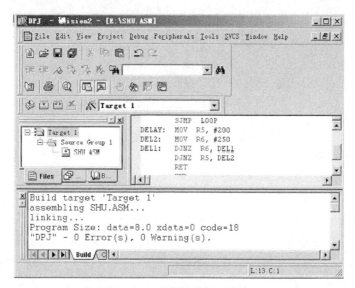

图 1.16　程序的编译、连接

（5）仿真器的选择

Keil μVision 2 内设有调试仿真器。在 Files 窗格中，选择"Target 1"，使用鼠标右键单击，如图 1.17 所示。单击"Options for Target 'Targer 1'"命令，打开"Options for Target'Targer 1'"窗口，如图 1.18 所示。系统默认是"Use Simulator（软件仿真）"，如果是硬件仿真，则选择"Keil Monitor-51 Driver"命令。

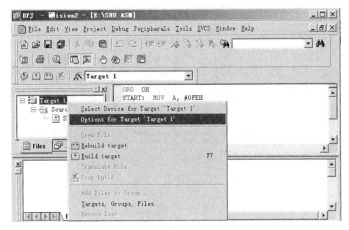

图 1.17　选择仿真器命令

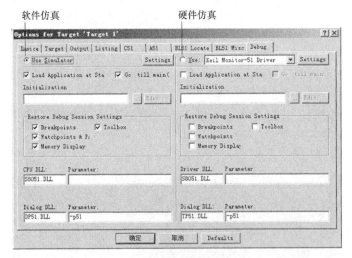

图 1.18　仿真器选择

（6）程序的调试

程序调试一般步骤如下。

① 进入调试仿真状态。

选择"Debug"→"Start/Stop Debug Session"命令，进入调试界面，如图 1.19 所示。"Peripherals"为外围器件菜单。同时，在工具栏内有开始/停止调试图标。左侧会出现8051 单片机内部主要的寄存器，如 r0～r7、a、dptr 、PC 等，右侧为程序调试窗口。

在做程序调试时，有一些常用的功能图标，如图 1.20 所示。从左面开始依次如下。

1——软件复位，复位 CPU，程序计数器 PC 为 0，使程序可以重新开始调试。

2——Run/Go，运行程序，除非遇到断点或选择 Stop 命令，才可使系统停止。

外围器件

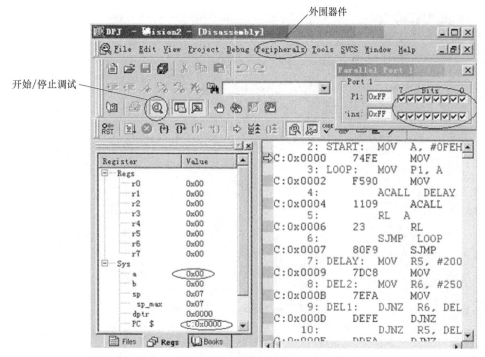

开始/停止调试

图 1.19 调试界面

图 1.20 常用功能图标

3——Step（F11），单步执行程序，遇到子程序则进入子程序。

4——Step Over（F10），单步执行程序，遇到子程序则跳过子程序。

5——Run to Cursor Line，执行程序到光标行。

6——Start/Stop Debug Session，开始/停止调试。

7——Project Window，显示/隐藏项目窗口。

8——Output Window，显示/隐藏输出窗口。

9——Insert/Remove Breakpoint，设置/取消当前行的断点。

10——Kill All Breakpoints，取消所有的断点。

11——Enable/Disable Breakpoint，使能/禁止当前行的断点。

12——Disable All Breakpoints，禁止所有的断点。

② 打开外围控制的特殊功能寄存器（SFR）窗口。

选择"Peripherals"菜单的各种命令，可以打开外围控制的 SFR 显示窗口，方便调试时观察内部寄存器值的变化，如图 1.21 所示。

其中，"Interrupt System"为中断 SFR 观察窗口，"Parallel Port 1"为 I/O 口 SFR 观察窗口，"Serial Channel"为串口 SFR 观察窗口，"Timer/Counter 0"为定时器/计数器 0 SFR 观察窗口。

③ 调试程序。

调试开始前，从图中可看到各"Register"初始值，本例"Parallel Port 1"为"FFH"，

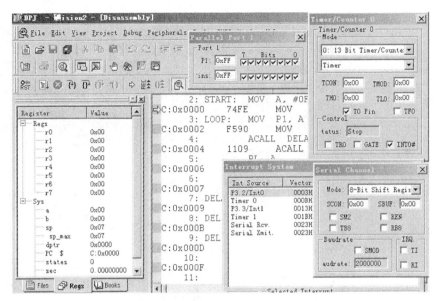

图 1.21　调出特殊功能寄存器窗口

指针箭头指向了程序开始。

选择 "Debug"→"Step" 命令，单步执行两步后的调试界面如图 1.22 所示。注意观察 "Register" 和 "Parallel Port 1" 数值的变化。

本例中不用观察存储器单元的变化，如果开发的程序需要观察存储器单元的状态，还需要调出存储器窗口。

Keil μVision IDE 把 MCS-51 系列单片机内核的存储器资源分成以下 4 个区域。

- 程序存储器 ROM 区 code，IDE 表示为 C：××××。
- 内部可直接寻址 RAM 区 data，IDE 表示为 D：××。
- 内部间接寻址 RAM 区 idata，IDE 表示为 I：××。
- 外部 RAM 区 xdata，IDE 表示为 X：××××。

这 4 个区域都可以在 Keil μVision IDE 的 "Memory" 窗口中观察和修改。在 "Memory" 窗口可以同时显示 4 个不同的存储器区域，单击窗口下部的编号可以相互切换显示。

在 "Memory" 窗口的地址输入栏内输入要显示的存储器区的起始地址，就可观察其单元内容。如在地址输入栏内输入 "C：0000H" 并按回车键后，在 "Memory" 窗口可观察到程序存储器 ROM 区地址为 0000H 开始显示的单元。C：0x0000 是每一行的行首地址，行首地址可随着存储单元个数变化而变化。存储单元内部就是存储的内容，默认的显示形式为十六进制（注意 0x 表示十六进制）。

同理在地址输入栏内输入 "D：00H" 按回车键后，在 "Memory" 窗口看到的是内部可直接寻址 RAM 区地址为 00H 处开始显示的单元。在地址输入栏内输入 "X：1000H" 并按回车键后，在 "Memory" 窗口观察的是外部 RAM 区地址为 1000H 处开始显示的单元，如图 1.23 所示。

④ 几个运行命令的区别。

在调试界面的 "Debug" 菜单下，系统提供了几种不同的运行方式，如表 1.9 所示，区别如下。

- Go：全速执行程序。一般在硬件仿真中常用全速执行。软件仿真中一般不用全速执行。
- Step：单步执行程序。如果遇到子程序可进入子程序调试。在调试过程中常用，便于查找、改正错误。
- Step Over：单步执行程序。如果遇到调用子程序指令，直接执行子程序，但不进入子程序中，只在主程序中单步执行每一条指令。
- Stop Running：停止程序执行。当全速执行程序时，如果想停止程序执行，就用此命令。

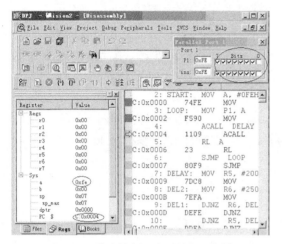

图1.22　单步执行两步后的调试界面

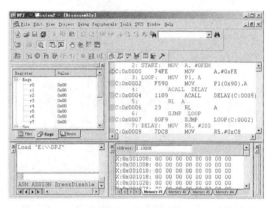

图1.23　存储器窗口

（7）Keil μVision IDE 的调试技巧

在 Keil μVision IDE 中提供了多种调试技巧对程序进行调试。这里简要介绍几种常用调试技巧。

① 如何设置和删除断点。

设置/删除断点最简单的方法是双击待设置断点的源程序行或反汇编程序行，或用断点设置命令"Debug"→"Insert/Remove Breakpoint"，如图1.24所示。

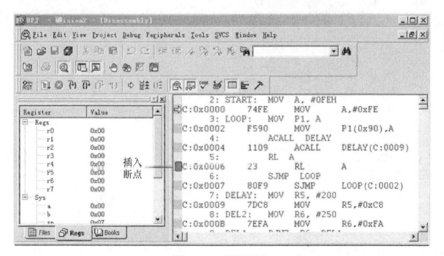

图1.24　设置断点

断点功能的使用：如果程序比较长，仅使用单步调试会费时费力，可以通过设置断点的方法将全速执行和单步执行结合起来使用，提高调试效率。

如果调试过程中出现错误，可设置断点，断点设置完成后，可先进行全速执行，程序自动运行到断点处停止，再应用单步执行调试查错。注意：程序中可以设置多个断点。

② 如何查看和修改寄存器的内容。

仿真寄存器的内容显示在寄存器窗口，用户除可以观察寄存器内容以外，还可以自行修改。单击选中一个单元，例如单击 DPTR，然后再单击 DPTR 值的位置，出现文本框后，输入相应的数值并按回车键即可。

③ 如何观察和修改存储器区域。

在 Keil μVision IDE 中可以区域性地观察和修改所有的存储区数据。在仿真的 Memory 区域，默认的显示形式为十六进制形式，但是可以选择其他显示方式。在 Memory 显示区域内使用鼠标右键单击，在弹出的快捷菜单中可以选择的显示方式如下。

- Decimal：按照十进制方式显示。
- Unsigned：按照有符号的数字显示，又分为 char（单字节）、int（整型）、long（长整型）。
- Singed：按照无符号的数字显示，又分为 char（单字节）、int（整型）、long（长整型）。
- Ascii：按照 ASCII 码格式显示。
- Float：按照浮点格式显示。
- Double：按照双精度浮点格式显示。

在 "Memory" 窗口中显示的数据可以修改，修改方法如下：用鼠标指针对准要修改的 RAM 单元，并使用鼠标右键单击，在弹出的快捷菜单中选择 "Modify Memory at D：0x××" 命令，在弹出的对话框的文本输入栏内输入相应数值后按回车键，修改完成。注意 ROM 区内容不能更改。如图 1.25 所示（图中是修改内部 RAM 00H 单元的数据）。

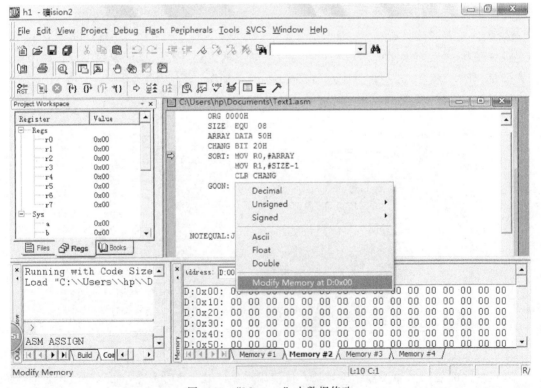

图 1.25 "Memory" 中数据修改

习题与思考题

1.1 试举例说明十进制、二进制和十六进制数各有什么特点。

1.2 把下列十进制数转换为二进制数和十六进制数。

①136；②0.146；③25.36。

1.3 把下列二进制数转换为十进制数和十六进制数。

①11010110B；②0.1011B；③1011.1011B。

1.4 把下列十六进制数转换为十进制数和二进制数。

①ABH；②0.2CH；③1D.F8H。

1.5 试指出下列有符号数的原码、反码和补码。

①+1101B；②−1010011B；③−1001B。

1.6 写出下列各数的 BCD 码。

①9；②56；③78.34。

1.7 试用十六进制形式写出下列字符的 ASCII 码。

①7；②A；③NUL。

1.8 什么是单片机？它有哪些特点？

1.9 举例说明单片机在自动控制领域的应用。

1.10 单片机的开发环境包括哪几部分？

1.11 简述单片机系统的开发流程。

1.12 C51 语言特有的数据类型有哪些？

1.13 C51 语言的存储器类型有几种？适用地址范围是什么？举例说明。

1.14 C51 语言绝对地址访问形式有几种？举例说明。

1.15 举例说明 C51 语言中断函数与一般函数的区别。

第2章 ▶▶
8051单片机的内部结构与最小系统

MCS-51 系列单片机是美国 Intel 公司 1980 年推出的高性能 8 位单片机，典型产品为 8051、8751 和 8031。它们的基本组成和基本性能都是相同的。常用的 MCS-51 泛指以 8051 为内核的单片机。8051 是 ROM 型单片机，内部有 4KB 的掩模 ROM，即单片机出厂时，程序已由生产厂家固化在程序存储器中。8751 单片机片内含有 4KB 的 EPROM，用户可以把编写好的程序用开发机或编程器写入其中，需要修改时，可以先用紫外线擦除器擦除，然后再写入新的程序。8031 单片机片内没有 ROM，使用时需在片外扩展一片 EPROM 芯片。除此之外，8051、8751 和 8031 单片机的内部结构是完全相同的，都具有如下特性。

- 面向控制的 8 位 CPU。
- 128B 的片内数据存储器。
- 4 个并行 I/O 口（并口），具有 32 个双向的、可独立操作的 I/O 线。
- 1 个全双工的异步串口。
- 2 个 16 位定时器/计数器。
- 5 个中断源，可设置成两个中断优先级。
- 1 个片内时钟振荡器。
- 21 个特殊功能寄存器。
- 具有很强的布尔处理（位操作）能力。

2.1 ◆ 8051单片机的内部结构

8051 单片机的基本结构如图 2.1 所示，它由 8 个部件组成：中央处理器（CPU）、片内数据存储器（RAM）、片内程序存储器（ROM/EPROM）、输入输出接口（并行 I/O 口）、可编程串行口（串口）、定时器/计数器、中断系统及特殊功能寄存器。各部分之间通过内部总线相连。其基本结构采用 CPU 加上外围芯片的结构模式，但在功能单元的控制上，却采用了特殊功能寄存器的集中控制方法。8051 单片机的内部结构如图 2.2 所示。

2.1.1 CPU

8051 单片机内部 CPU 由运算器和控制器组成，是一个能够对 8 位二进制数进行运算的中央处理单元，是单片机的核心，主要完成运算和控制操作。CPU 通过内部总线把组成单片机的各个部分连接在一起，控制它们有条不紊地工作。总线是单片机内部的信息通道，单片机系统的地址信号、控制信号和数据信号都是通过总线传送的。

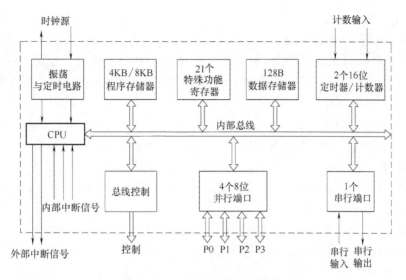

图 2.1　8051 单片机的基本结构

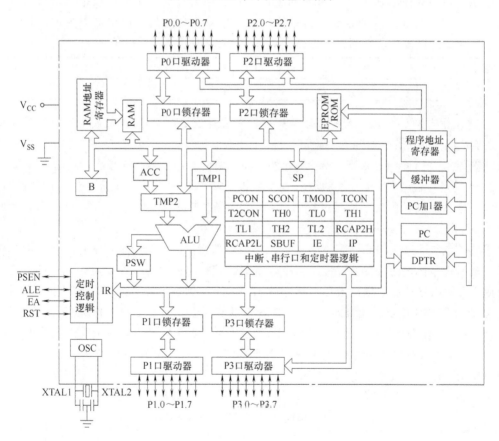

图 2.2　8051 单片机的内部结构

（1）运算器

运算器主要包括算术逻辑运算单元（Arithmetic and Logic Unit，ALU），累加器（Accumulator，A 或 ACC），寄存器 B，暂存器 TMP1、TMP2，程序状态字寄存器（Program Status Word，PSW），布尔处理器电路等。

运算器主要用来实现数据的传送，数据的算术运算、逻辑运算和位变量处理等。

8051 单片机的 ALU 为 8 位，实现 2 个 8 位二进制数的算数（加、减、乘、除）、逻辑（与、或、非、异或）等运算，实现累加器 A 的清零、取反、移位（左移、右移）等操作；8051 单片机的 ALU 还具有位处理功能，它可以对位（bit）变量进行清零、置位、取反、位状态测试转移和位逻辑与、或等操作。

暂存器 TMP1、TMP2 为二进制 8 位暂存寄存器，用来存放参与运算的操作数。

累加器 A 是一个二进制的 8 位寄存器，用来暂存操作数及保存运算结果。在 8051 单片机中，算数运算、逻辑运算、移位运算等均离不开累加器 A 的参与。另外，CPU 中的数据传送大多通过累加器 A 实现，它是 8051 单片机中最繁忙的寄存器。需要对累加器 A 的位进行寻址或堆栈操作时写成 ACC。

寄存器 B 是一个二进制的 8 位寄存器，协助累加器 A 实现乘法和除法运算。该寄存器在进行乘法或除法运算前，用来存放乘数或除数，在乘法或除法完成后用于存放乘积的高 8 位或除法运算的余数。

程序状态字寄存器 PSW 是一个二进制的 8 位标志寄存器，用来存放指令执行后的有关状态。PSW 中各位的状态通常是在指令执行过程中自动形成的，但也可以由用户根据需要采用传送指令加以改变。它的各标志位定义如下。

PSW7	PSW6	PSW5	PSW4	PSW3	PSW2	PSW1	PSW0
Cy	AC	F0	RS1	RS0	OV	—	P

① 进位标志位 Cy。用于表示加减运算过程中最高位 A7（累加器最高位）有无进位或借位。在加法运算时，若累加器 A 中最高位 A7 有进位，则 Cy=1；否则 Cy=0。在减法运算时，若 A7 有借位，则 Cy=1；否则 Cy=0。此外，CPU 在进行移位操作时也会影响这个标志位。

② 辅助进位位 AC。用于表示加减运算时低 4 位（即 A3）有无向高 4 位（即 A4）进位或借位。若 AC=0，则表示加减过程中 A3 没有向 A4 进位或借位；若 AC=1，则表示加减过程中 A3 向 A4 有了进位或借位。

③ 用户标志位 F0。F0 标志位的状态通常不是机器在执行指令过程中自动形成的，而是由用户根据程序执行的需要通过传送指令确定的。该标志位状态一经设定，就保持不变，可以由用户程序直接检测，以决定用户程序的当前状态，例如运行正常还是异常。

④ 寄存器选择位 RS1 和 RS0。8051 单片机共有 8 个二进制 8 位工作寄存器，分别命名为 R0～R7。工作寄存器 R0～R7 常常被用户在程序设计中使用，如记录程序的参数，但它们在 RAM 中的实际物理地址是可以根据需要选定的。RS1 和 RS0 就是为了这个目的提供给用户使用，用户通过改变 RS1 和 RS0 的状态可以方便地决定 R0～R7 的实际物理地址。工作寄存器 R0～R7 的物理地址和 RS1、RS0 之间的关系如表 2.1 所示。

表 2.1 RS1、RS0 对工作寄存器的选择

RS1、RS0		工作寄存器组号	R0～R7 的物理地址
0	0	0	00H～07H
0	1	1	08H～0FH
1	0	2	10H～17H
1	1	3	18H～1FH

⑤ 溢出标志位 OV。可以指示运算过程中是否发生了溢出，由机器执行指令过程中自动形成。若机器在执行运算指令过程中，累加器 A 中运算结果超出了 8 位数能表示的范围，即−128～+127，则 OV 自动置 1；否则 OV＝0。因此，我们根据执行运算指令后的 OV 状态就可以判断累加器 A 中的运算结果是否正确。

⑥ 奇偶标志位 P。PSW0 为奇偶标志位 P，用于指示运算结果中 1 的个数的奇偶性。若 P＝1，则累加器 A 中 1 的个数为奇数；若 P＝0，则累加器 A 中 1 的个数为偶数。

8051 单片机还有一个布尔处理器用来实现各种位逻辑运算和传送；8051 单片机专门提供了一个位寻址空间。布尔处理（即位处理）是 8051 单片机 ALU 所具有的一种功能。单片机指令系统中的布尔指令集、数据存储器中的位地址空间以及借用程序状态字寄存器 PSW 中的进位标志 Cy 作为位操作累加器构成了单片机内的布尔处理机。

（2）控制器

控制器包括时钟发生器、定时控制逻辑、指令寄存器、指令译码器、程序计数器（Program Counter，PC）、程序地址寄存器、数据指针寄存器（Data Pointer，DPTR）和堆栈指针（Stack Pointer，SP）等。

控制器是用来统一指挥和控制计算机进行工作的部件。它的功能是从程序存储器中提取指令，送到指令寄存器，再进入指令译码器进行译码，并通过定时和控制电路，在规定的时刻发出各种操作所需要的全部内部控制信息及 CPU 外部所需要的控制信号，如 ALE、$\overline{PSEN}$、$\overline{RD}$、$\overline{WR}$ 等，使各部分协调工作，完成指令所规定的各种操作。

程序计数器（PC）是一个二进制 16 位的程序地址寄存器，专门用来存放下一条将要执行指令的地址，能自动加 1。CPU 执行指令时，它是先根据 PC 中的地址从程序存储器中取出当前需要执行的指令码，并把它送给控制器分析执行，随后 PC 中内容自动加 1，以便为 CPU 取下一个需要执行的指令码做准备。当下一个指令码取出执行后，PC 又自动加 1。这样，PC 一次次加 1，指令就被一条条地执行。所以，需要执行的机器码程序必须在执行前预先一条条地按顺序放到程序存储器中，并将 PC 设置成程序第一条指令的地址。

8051 单片机程序计数器 PC 由 16 个触发器构成，故它的编码范围为 0000H～FFFFH，共 64KB，即 8051 单片机对程序存储器的寻址范围为 64KB。

指令寄存器是一个二进制的 8 位寄存器，用来存放将要执行的指令代码，指令代码由指令译码器输出，并通过指令译码器把指令代码转化为电信号（即控制信号），如 ALE、$\overline{PSEN}$ 等。

数据指针寄存器（DPTR）是一个二进制的 16 位寄存器，由两个 8 位寄存器 DPH 和 DPL 拼成。其中，DPH 是 DPTR 的高 8 位，DPL 是 DPTR 的低 8 位。DPTR 可以用来存放片内程序存储器的地址，也可以用来存放片外数据存储器和片外程序存储器的地址。

堆栈指针（SP）是一个二进制的 8 位寄存器，能自动加 1 或减 1，专门用来存放堆栈的栈顶地址。堆栈是在内部数据存储器中专门开辟出来的按照"先进后出，后进先出"的原则进行存取的数据区域。堆栈的用途是保护现场和断点地址。在 CPU 响应中断或调用子程序时，需要把断点处的 PC 值及现场的一些数据保存起来，在微型计算机中，它们就是保存在堆栈中的。堆栈中数据的进入和弹出分别用压栈指令 PUSH 和弹栈指令 POP 实现。

2.1.2 存储器

8051 单片机的存储器分为程序存储器 ROM 和数据存储器 RAM，它们又分为片内、片外 ROM 和片内、片外 RAM。8051 单片机的片内存储器集成在芯片内部，是 8051 单片机的一个组成部分；片外存储器是外接的专用存储器芯片，8051 单片机只提供地址和控制命令，需要通过印制电路板上三总线（地址总线、数据总线、控制总线）才能联机工作。

8051 单片机片内有地址范围从 0000H～0FFFH 的 4KB 程序存储器和 00H～FFH 的 256B 数据存储器。片外可扩展的 64 KB 的 ROM 和 RAM，地址范围均为 0000H～FFFFH。8051 单片机存储器地址分配如图 2.3 所示。

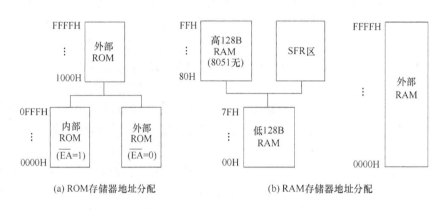

(a) ROM存储器地址分配　　　　(b) RAM存储器地址分配

图 2.3　8051 单片机存储器地址分配

（1）程序存储器

程序存储器用于存放设计好的程序、表格和常数。8051 单片机片内 4KB 的 ROM 和片外 64KB 的 ROM，两者是统一编址的，CPU 的控制器专门提供一个控制信号 $\overline{\text{EA}}$ 来区分内部 ROM 和外部 ROM 的公用地址区：当 $\overline{\text{EA}}$ 接高电平时，单片机从片内 ROM 的 4KB 存储区取指令，而当指令地址超过 0FFFH 后，即程序容量超过 4KB 时，就自动转向片外 ROM 取指令；当 $\overline{\text{EA}}$ 接低电平时，CPU 只从片外 ROM 取指令。这种接法特别适用于采用 8031 单片机的场合，由于 8031 单片机内部不带 ROM，所以使用时必须让 $\overline{\text{EA}}$ 接地，使之直接从外部 ROM 中取指令。

8051 单片机的程序存储器中有些单元具有特殊功能，使用时应予以注意。如 0000H～0002H。系统复位后，PC 的值为 0000H，单片机从 0000H 单元开始取指令执行程序。若程序未从 0000H 单元开始存放，则在这三个单元中存放一条无条件转移指令，以便直接转移至指定的地址执行预先存放的程序。

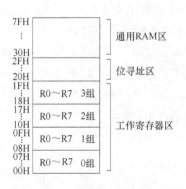

图 2.4　8051 单片机内部 RAM 分配

（2）数据存储器

8051 单片机片内 256B RAM 按其功能划分为两部分：低 128B 为片内数据 RAM 区，地址空间为 00H～7FH；高 128B 为特殊功能寄存器 SFR 区域。地址空间为 80H～FFH。

8051 单片机内部的低 128B RAM 是真正的 RAM 存储器，其应用最为灵活，可用于暂存运算结果及标志位等。对于片内 RAM 的低 128B，按其用途还可以分为 3 个区域，如图 2.4 所示。

① 工作寄存器区。从 00H～1FH 安排了 4 组工作

寄存器；每组占用 8 个 RAM 字节寄存器（单元），记为 R0～R7。在某一时刻，CPU 只能使用其中的一组工作寄存器，工作寄存器组的选择由程序状态字寄存器 PSW 中 RS1、RS0 两位来确定，如表 2.1 所示。工作寄存器的作用就相当于一般微处理器中的通用寄存器。

② 位寻址区。占用地址 20H～2FH，共 16 个单元，每个单元 8 位二进制数，共 16×8＝128 位。这个区域除可以作为一般 RAM 单元进行读写之外，还可以对每个单元的每一位进行操作，每个位都有自己的位地址，从 20H 单元的第 0 位起到 2FH 单元的第 7 位止共 128 位，用位地址 00H～7FH 分别与之对应。位寻址区地址分布如表 2.2 所示。

表 2.2 位寻址区地址分布

2FH	7FH	7EH	7DH	7CH	7BH	7AH	79H	78H
2EH	77H	76H	75H	74H	73H	72H	71H	70H
2DH	6FH	6EH	6DH	6CH	6BH	6AH	69H	68H
2CH	67H	66H	65H	64H	63H	62H	61H	60H
2BH	5FH	5EH	5DH	5CH	5BH	5AH	59H	58H
2AH	57H	56H	55H	54H	53H	52H	51H	50H
29H	4FH	4EH	4DH	4CH	4BH	4AH	49H	48H
28H	47H	46H	45H	44H	43H	42H	41H	40H
27H	3FH	3EH	3DH	3CH	3BH	3AH	39H	38H
26H	37H	36H	35H	34H	33H	32H	31H	30H
25H	2FH	2EH	2DH	2CH	2BH	2AH	29H	28H
24H	27H	26H	25H	24H	23H	22H	21H	20H
23H	1FH	1EH	1DH	1CH	1BH	1AH	19H	18H
22H	17H	16H	15H	14H	13H	12H	11H	10H
21H	0FH	0EH	0DH	0CH	0BH	0AH	09H	08H
20H	07H	06H	05H	04H	03H	02H	01H	00H

③ 通用 RAM 区。地址为 30H～7FH，共 80 单元。这是真正给用户使用的一般 RAM 区，用于存放用户数据或作堆栈区使用。

特殊功能寄存器 SFR 区：8051 单片机内部有 21 个特殊功能寄存器，它们离散地分布在 80H～FFH 中（未占用的地址单元无意义，不能使用）。表 2.3 列出了这些特殊功能寄存器的符号、物理地址及名称。

表 2.3 8051 单片机特殊功能寄存器一览表

符号	物理地址	名称
* ACC	E0II	累加器
* B	F0H	寄存器 B
* PSW	D0 H	程序状态字
SP	81 H	堆栈指针
DPL	82 H	数据指针(低 8 位)
DPH	83 H	数据指针(高 8 位)
* IE	A8 H	中断允许控制器
* IP	B8 H	中断优先级控制器

续表

符号	物理地址	名称
* P0	80 H	通道 0
* P1	90 H	通道 1
* P2	A0 H	通道 2
* P3	B0 H	通道 3
PCON	87 H	电源控制器
* SCON	98 H	串行口控制器
SBUF	99 H	串行数据缓冲器
* TCON	88 H	定时控制器
TMOD	89 H	定时方式选择
TL0	8AH	定时器 0 低 8 位
TH0	8CH	定时器 0 高 8 位
TL1	8BH	定时器 1 低 8 位
TH1	8DH	定时器 1 高 8 位

在 21 个 SFR 中，用户可以通过直接寻址指令对它们进行字节存取，也可以对带有 * 的 12 个字节寄存器中的每一位进行位寻址。在字节型寻址指令中，直接地址的表示方法有两种：一种是使用物理地址，如累加器 A 用 E0H、寄存器 B 用 F0H、SP 用 81H 等；另一种是采用表 2.3 中的寄存器标号，如累加器 A 用 ACC、寄存器 B 用 B、程序状态字寄存器用 PSW 等。这两种表示方法中，后一种方法因容易记忆而被普遍采用。

在 SFR 中，可以位寻址的寄存器有 11 个，共有位地址 88 个，其中 5 个未用，其余 83 个位地址离散地分布于 80H~FFH 范围内，如表 2.4 所示。

表 2.4　SFR 中的位地址分布

特殊功能寄存器号	位地址								字节地址
	D7	D6	D5	D4	D3	D2	D1	D0	
P0	87H	86H	85H	84H	83H	82H	81H	80H	80H
TCON	8FH	8EH	8DH	8CH	8BH	8AH	89H	88H	88H
P1	97H	96H	95H	94H	93H	92H	91H	90H	90H
SCON	9FH	9EH	9DH	9CH	9BH	9AH	99H	98H	98H
P2	A7H	A6H	A5H	A4H	A3H	A2H	A1H	A0H	A0H
IE	AFH	—	—	ACH	ABH	AAH	A9H	A8H	A8H
P3	B7H	B6H	B5H	B4H	B3H	B2H	B1H	B0H	B0H
IP	—	—	—	BCH	BBH	BAH	B9H	B8H	B8H
PSW	D7H	D6H	D5H	D4H	D3H	D2H	D1H	D0H	D0H
ACC	E7H	E6H	E5H	E4H	E3H	E2H	E1H	E0H	E0H
B	F7H	F6H	F5H	F4H	F3H	F2H	F1H	F0H	F0H

2.1.3　并行 I/O 口

8051 单片机有 4 个并行 I/O 端口，记为 P0、P1、P2 和 P3，每个端口皆为 8 位，共 32

根线。在这 4 个并行 I/O 端口中，每个端口都有双向 I/O 功能。即 CPU 既可以从 4 个并行 I/O 端口中的任何一个输出数据，又可以从它们那里输入数据。每个 I/O 端口内部都有一个 8 位数据输出锁存器和一个 8 位数据输入缓冲器，4 个数据输出锁存器和端口号 P0、P1、P2、P3 同名，皆为特殊功能寄存器 SFR 中的一个（见表 2.4 中 1、3、5、7 行）。因此，CPU 数据从并行 I/O 端口输出时可以得到锁存，数据输入时可以得到缓冲。

4 个并行 I/O 端口在结构上并不相同，因此它们在功能和用途上的差异较大。P0 口和 P2 口内部均有一个受控器控制的二选一选择电路，故它们除可以用作通用 I/O 口外，还具有特殊的功能。例如，P0 口可以输出片外存储器的低 8 位地址码和读写数据，P2 口可以输出片外存储器的高 8 位地址码等。P1 口常作为通用 I/O 口使用，为 CPU 传送用户数据；P3 口除可以作为通用 I/O 口使用外，还具有第二功能。在 4 个并行 I/O 端口中，只有 P0 口是真正的双向 I/O 口，故它具有较大的负载能力，最多可以推动 8 个 TTL 门，其余 3 个 I/O 口是准双向 I/O 口，只能推动 4 个 TTL 门。

4 个并行 I/O 端口作为通用 I/O 使用时，共有写端口、读端口和读引脚三种操作方式。写端口实际上就是输出数据，是把累加器 A 或其他寄存器中的数据传送到端口锁存器中，然后由端口自动从端口引脚线上输出。读端口不是真正的从外部输入数据，而是把端口锁存器中输入的数据读到 CPU 的累加器 A。读引脚才是真正的输入外部数据的操作，是从端口引脚线上读入外部的输入数据。端口的上述三种操作实际上是通过指令或程序来实现的。

关于并行 I/O 端口的结构和应用将在第 3 章介绍。

2.1.4 可编程串行口

8051 单片机有一个全双工的可编程串行 I/O 端口。这个串行 I/O 端口既可以在程序控制下把 CPU 的 8 位并行数据变成串行数据逐位从发送数据线 TXD（P3.1）发送出去，也可以把接收数据线 RXD（P3.0）上串行接收到的数据变成 8 位并行数据送给 CPU，而且这种串行发送和串行接收可以单独进行，也可以同时进行。

关于并行数据和串行数据，这里简要介绍一下。以 8 位二进制数为例，以并行数据的形式传送仅需一条指令，一次完成；而以串行数据的形式传送，需要 8 次传送，因为每次只能传送一个位（bit）。

关于可编程串行口的结构和应用将在第 9 章讲解。

2.1.5 定时器/计数器

8051 单片机内部有两个 16 位可编程的定时器/计数器。可编程的意思是指其功能（如工作方式、定时时间、计数初值、启动方式等）均可由指令的不同组合来确定和改变。在定时器/计数器中，除两个 16 位的计数器 T0、T1 之外，还有两个特殊功能寄存器（控制寄存器 TCON 和方式选择寄存器 TMOD）。

T0 和 T1 有定时器和计数器两种工作模式，在每种模式下又分为 4 种工作方式。在定时器模式下，T0 和 T1 的计数脉冲可以由单片机时钟脉冲经 12 分频后提供，故定时时间与单片机时钟频率有关。在计数器模式下，T0 和 T1 的计数脉冲可以从 P3.4 和 P3.5 引脚上输入。对 T0 和 T1 的控制由两个 8 位特殊功能寄存器完成：方式选择寄存器 TMOD 确定其工作模式和工作方式；控制寄存器 TCON 确定其启停及中断控制。用户通过对 TMOD 和 TCON 内部各位的赋值操作实现上述控制。具体应用将在第 7 章介绍。

2.1.6　中断系统

中断是指 CPU 暂停原程序执行，而专门为外部设备服务（执行中断服务程序），并在服务完成后返回原程序继续执行的过程。中断系统是指能够处理上述中断过程所需要的那部分硬件电路。

中断源是指能产生中断请求信号的对象。8051 单片机的 CPU 能够处理 5 个中断源发出的中断请求，可以对 5 个中断请求信号进行排队和控制，并响应其中优先权最高的中断请求。8051 单片机的 5 个中断源有内部和外部之分：外部中断源有两个，通常指外部设备；内部中断源有三个，即两个定时器/计数器中断源和一个串行口中断源。外部中断源产生的中断请求信号可以从 P3.2 和 P3.3（即 $\overline{INT0}$ 和 $\overline{INT1}$）引脚上输入，有电平或负边沿两种引起中断触发的方式。内部中断源 T0 和 T1 的两个中断是在它们的计数值从"FFFFH"变为"0000H"溢出时自动向中断系统提出的。内部串行口中断源的中断请求是在串行口每发送完一个字节（8 位二进制数）数据或接收到一个字节输入数据后自动向中断系统提出的。

8051 单片机的中断系统主要由中断允许控制器 IE 和中断优先级控制器 IP 等电路组成。其中，IE 用于控制 5 个中断源中哪些中断请求被允许向 CPU 提出，哪些中断源的中断请求被禁止；IP 用于控制 5 个中断源的中断请求的优先权高低，高优先权的中断请求可以被 CPU 最先处理。用户通过对 IE 和 IP 内部的各位进行赋值操作实现上述控制。具体应用将在第 6 章详细介绍。

在这里从程序存储器的使用角度再简要予以说明：程序存储器内部有一组特殊的 40 个单元，地址为 0003H～002AH。这 40 个单元被均匀地分为 5 段，作为 5 个中断源的中断地址区，存在的对应关系见表 2.5。

表 2.5　程序存储单元与中断源的对应关系

程序单元地址	用　　途
0003H～000AH	外部中断 0　中断服务程序存放区域
000BH～0012H	定时器/计数器 0　中断服务程序存放区域
0013H～001AH	外部中断 1　中断服务程序存放区域
001BH～0022H	定时器/计数器 1　中断服务程序存放区域
0023H～002AH	串行口　中断服务程序存放区域

中断响应后，按中断种类，CPU 自动转移到各中断区的首地址去执行程序。因此在中断地址区内应存放中断服务程序。但通常情况下，8 个单元难以存放下一个完整的中断服务程序，因此通常是在中断地址区首地址开始存放一条无条件转移指令，以便中断响应后，通过中断地址区，再转移到存放中断服务程序的入口地址（第一条指令的地址）开始执行。

2.2 ⊙ 8051 单片机的封装和引脚

8051 单片机通常有两种封装：一种是双列直插式封装，常用 HMOS 工艺制造，共 40 个引脚；另一种是方形封装，大多数采用 CHMOS 工艺制造，共 44 个引脚，其中 4 个引脚为无用引脚 NC，如图 2.5 所示。

8051 单片机集成电路芯片 40 个引脚按功能可分为电源引脚、端口输入输出引脚和控制引脚三类。

（1）电源引脚

V_{CC}：运行时接电源正极，电源可采用 +5V 开关电源。

V_{SS}：运行时接电源负极，也叫接地信号。

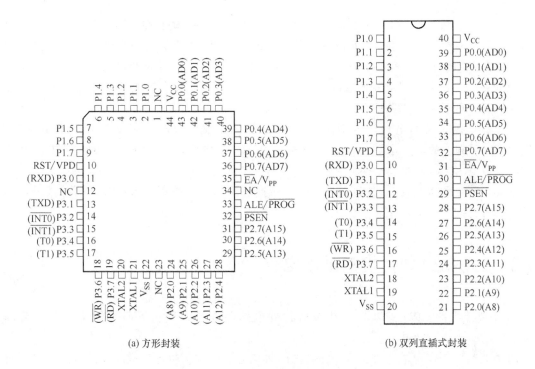

图 2.5　8051 单片机的封装和引脚分配

（2）端口输入输出引脚

8051 单片机共有 4 个 8 位并行 I/O 端口，分别为 P0、P1、P2、P3，共 32 个引脚。

① P0.7～P0.0。8 位双向三态 I/O 口，单片机有外部扩展时，P0 口作为低 8 位地址线和数据总线使用，可以驱动 8 个 TTL 负载。

② P1.7～P1.0。8 位准双向 I/O 口，可以驱动 4 个 TTL 负载。

③ P2.7～P2.0。8 位准双向 I/O 口，单片机有外部扩展时，P2 口作为高 8 位地址线使用，可以驱动 4 个 TTL 负载。

④ P3.7～P3.0。8 位准双向 I/O 口，P3 口的各个引脚具有第二功能。

（3）控制引脚

① ALE/$\overline{PROG}$。地址锁存允许/编程引脚。8051 单片机在访问片外存储器时，P0 口输出低 8 位地址的同时还在 ALE 引脚上输出一个高电平脉冲，其下降沿用于把这个片外存储器低 8 位地址锁存到外部地址锁存器，以便使 P0 口引脚传送随后而来的片外存储器读写数据。在不访问片外存储器时，8051 单片机的 CPU 自动在 ALE/$\overline{PROG}$ 引脚上输出频率为 $f_{OSC}/6$ 的脉冲序列。该脉冲序列可用作外部时钟源或作为定时脉冲源使用。

对于 8751 单片机，ALE 还具有第二功能。在对 8751 单片机片内 EPROM 编程校验时，它可以传送 52ms 宽的负脉冲。

② $\overline{EA}/V_{PP}$。允许访问片外存储器/编程电源引脚。它可以控制 8051 单片机的 CPU 使用片内 ROM 还是使用片外 ROM。若 $\overline{EA}=1$，则允许使用片内 ROM；若 $\overline{EA}=0$，则允许使用片外 ROM。

对于 8751 单片机，在片内 EPROM 编程校验时，$\overline{EA}/V_{PP}$ 引脚用于输入 21V 编程电源。

③ $\overline{PSEN}$。片外 ROM 选通引脚。在执行访问片外 ROM 的指令 MOVC 时，8051 单片机自动在$\overline{PSEN}$引脚上产生一个负脉冲。其他情况下，$\overline{PSEN}$ 引脚均为高电平封锁状态。

④ RST/VPD。复位引脚。在 RST 引脚上保持连续 2 个机器周期以上的高电平，单片机复位即初始化，使程序重新开始运行。通常 8051 单片机的复位有自动上电复位和人工按钮复位两种，两种复位电路的介绍参见下节内容。

该引脚还作为备用电源输入引脚。当主电源 V_{CC} 发生故障而降低到规定低电平时，RST/VPD 引脚上的备用电源自动向单片机内部 RAM 供电，以保证片内 RAM 中信息不丢失。

⑤ XTAL1 和 XTAL2。外接晶振引脚。根据所使用时钟的不同可以分为两种情况：内部时钟和外部时钟。具体电路参见下节。

2.3 ◐ 8051单片机的基本电路

8051 单片机的 CPU 的基本电路包括时钟电路与复位电路。下面介绍这两种电路的功能。

时钟电路用于产生单片机工作所需要的时钟信号，时钟信号是生成时序的基础。时序所研究的是指令执行过程中各个信号之间的相互关系。单片机本身就是一个复杂的同步时序电路，为了保证同步工作方式的实现，电路应在唯一的时钟信号控制下严格地按时序进行工作。

2.3.1 时钟电路

(1) 使用内部时钟信号

在 8051 单片机芯片内部有一个高增益反相放大器，其输入端为芯片引脚 XTAL1，其输出端为引脚 XTAL2。而在芯片的外部，XTAL1 和 XTAL2 之间跨接石英晶体振荡器和微调电容，从而构成一个稳定的自激振荡器，这就是单片机的时钟电路，相应电路如图 2.6 所示。

石英晶振起振后，在 XTAL2 引脚上会输出一个 3V 左右的正弦波，它能使 8051 单片机芯片内部的 OSC 电路产生与石英晶振频率相同的自激振荡。通常，OSC 的输出时钟频率 f_{OSC} 为 1.2~12MHz，典型值为 12MHz 或 11.0592MHz。电容 C1 和 C2 是帮助起振的协振电容，典型值为 30pF，调节它们可以达到微调 f_{OSC} 的目的。晶体振荡频率高，则系统的时钟频率也高，单片机运行速度也就快。

(2) 引入外部时钟信号

当使用单片机外部时钟时，常用的接线电路如图 2.7 所示。

在由多片单片机组成的系统中，为了保证各单片机之间时钟信号的同步，应当引入唯一

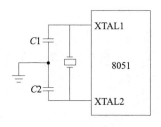

图 2.6　8051 单片机内部时钟电路　　　　　图 2.7　8051 单片机外接时钟电路

的公用外部脉冲信号作为各单片机的振荡脉冲。这时外部的脉冲信号是经 XTAL2 引脚注入，由于 XTAL2 端逻辑电平不是 TTL 的，故需外接一上拉电阻，外接的时钟频率应低于 12MHz。

2.3.2　复位电路

单片机复位的目的是让 CPU 和系统内部其他功能部件都处于一个确定的初始状态，并从这个状态开始工作。

单片机复位相当于计算机系统的重新启动，当计算机在使用中出现问题，可以打开任务管理器单击"重新启动"按钮，使计算机的系统程序（操作系统）重新执行。同理，当单片机系统在运行过程中受到干扰出现死机的情况，按下"复位"按钮可以使其内部程序从头开始执行。

例如，复位后 PC 的值为 0000H，使单片机从第一个单元取出指令。无论是在单片机刚开始接上电源时，还是断电后或者发生故障，都需要复位。所以，必须弄清楚 8051 单片机复位的条件、复位电路和复位后的状态。

单片机复位的条件：必须使 RST/VPD 或 RST 引脚（9）加上持续两个机器周期（即 24 个振荡周期）的高电平。例如，若时钟频率为 12MHz，每个机器周期为 $1\mu s$，则只需 $2\mu s$ 以上时间的高电平。在 RST 引脚出现高电平后的第二个机器周期执行复位。单片机常见的复位电路如图 2.8 所示。

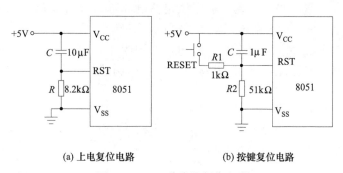

(a) 上电复位电路　　　　　　　(b) 按键复位电路

图 2.8　8051 单片机复位电路

图 2.8（a）为上电复位电路，它是利用电容充电来实现的。在接通电源瞬间，RST 端的电位与 V_{CC} 相同，随着充电电流的减少，RST 的电位逐渐下降。只要保证 RST 引脚为高电平的时间大于 2 个机器周期，便能正常复位。图中电阻值的确定可以通过计算或试验的方法确定。

图 2.8（b）为按键复位电路。该电路除具有上电复位功能外，还可以通过按键复位。若

要复位，只需按 RESET 键，此时图 2.8（b）中的电源 V_{CC} 经 $R1$、$R2$ 电阻分压，在 RST 端产生一个复位高电平。单片机复位期间不产生 ALE 和 PSEN 信号，即 ALE＝1 和 $\overline{PSEN}$＝1。这表明单片机复位期间不会有任何取指操作。复位后，内部各专用寄存器状态如表 2.6 所示。

① 复位后 PC 的值为 0000H，表明复位后程序从 0000H 地址开始执行。

② SP 值为 07H，表明堆栈底部在 07H。一般需重新设置 SP 值。

③ P0～P3 口的值为 FFH。P0～P3 口用作输入口时，必须先写入"FFH"。单片机在复位后，已使 P0～P3 口每一端口线为"1"，为这些端口线用作输入口做好了准备。

表 2.6　8051 单片机复位后的内部寄存器状态

PC	0000H	TCON	00H
ACC	00H	TH0	00H
B	00H	TL1	00H
PSW	00H	TH1	00H
SP	07H	TL1	00H
DPTR	0000H	SCON	00H
P0～P3	FFH	PCON	0×××××××B
IP	×××00000B	SBUF	不定
IE	0×000000B	TMOD	00H

2.4　8051 单片机的最小系统

2.4.1　8051 单片机最小系统的组成

单片机最小系统，也称最小应用系统，是指用最少的元器件组成的可以工作的单片机系统。对 8051 单片机来说，最小系统一般应该包括电源电路（图 2.9）、单片机、晶振电路、复位电路。8051 单片机的最小系统如图 2.10 所示。

电源电路：MCS-51 系列单片机的工作电压范围为 4.0～5.5V，所以通常给单片机外接 5V 直流电源，电路原理图见图 2.9。连接方式为 V_{CC}（40 脚）接电源＋5V 端、V_{SS}（20 脚）接电源地端。

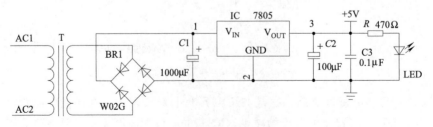

图 2.9　直流 5V 电源电路

单片机：一片 AT89S51/52 或其他 51 系列兼容单片机。对于 CPU 的 31 脚（$\overline{EA}$/V_{PP}），当接高电平时，单片机在复位后从内部 ROM 的 0000H 开始执行；当接低电平时，复位后直接从外部 ROM 的 0000H 开始执行。这一点不容忽略。

晶振电路：典型的晶振取 11.0592MHz 或 12MHz。12MHz 能产生精确的微秒级时间间隔，方便定时；11.0592MHz 可以准确地得到 9600bit/s 和 19200bit/s，用于串行口通信的场合。

复位电路：由电容串联电阻构成，由图 2.8 并结合"电容电压不能突变"的性质可知，当系统上电时，RST 引脚将会出现高电平，并且这个高电平持续的时间由电路的 R、C 值来决定。典型的 51 单片机，当 RST 引脚的高电平持续两个机器周期以上就可以复位，所以适当组合 R、C 的取值就可以保证可靠的复位。

一般推荐 C 取 $10\mu F$，R 取 $8.2k\Omega$。原则就是 R、C 组合可以使 RST 引脚上产生不少于 2 个机器周期的高电平。至于元件取值的计算，可以参考电路分析相关书籍。

单片机复位电路的作用如前所述，使单片机系统返回初始状态。在单片机系统中，系统上电启动的时候复位一次，当按下 RESET 键的时候系统再次复位，如果释放后再按下，系统还会复位。所以可以通过按键的断开和闭合在运行的系统中控制其复位。复位电路的工作原理如下。

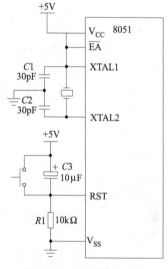

图 2.10 8051 单片机的最小系统

(1) 开机复位的原因

在图 2.10 中，电容 $C3$ 的大小是 $10\mu F$，电阻 $R1$ 的大小是 $10k\Omega$，所以根据公式可以算出电容充电至电源电压的 0.7 倍（单片机的电源是 5V，所以充电至 0.7 倍即为 3.5V），需要的时间是 $10\times10=0.1$（s），即 0.1s。

在系统启动的 0.1s 内，电容两端的电压值从 0 增加到 3.5V。这个时候 $10k\Omega$ 电阻两端的电压从 5V 减小到 1.5V（串联电路各处电压之和为总电压）。所以在 0.1s 内，RST 引脚所接收到的电压是 5～1.5V。使用 5V 电源供电的 51 单片机系统中小于 1.5V 的电压信号为低电平信号，而大于 1.5V 的电压信号为高电平信号。所以在开机 0.1s 内，单片机系统自动复位（RST 引脚接收到的高电平信号时间为 0.1s 左右）。

(2) 按键按下时复位的原因

在单片机启动 0.1s 后，电容 $C3$ 两端的电压持续充电为 5V，这个时候电阻 $R1$ 两端的电压接近于 0V，RST 处于低电平，所以系统正常工作。当按键按下的时候，开关导通，这个时候电容 $C3$ 两端形成了一个回路，电容被短路，所以在按键按下的这个过程中，电容 $C3$ 开始释放之前所充的电量。随着时间的推移，电容 $C3$ 的电压在 0.1s 内，从 5V 开始下降，直到 1.5V 甚至更小。根据串联电路总电压为各处电压之和，这个时候电阻 $R1$ 两端的电压为 3.5V，甚至更大，所以 RST 引脚又接收到高电平，单片机系统自动复位。

(3) 元件参数对电路的影响

8051 单片机最小系统电路的元件参数对电路的影响简要分析如下。

① 复位电路的电容 $C3$ 的大小直接影响单片机的复位时间，一般采用 $10\sim30\mu F$，51 单片机最小系统电容值越大，需要的复位时间越短。

② 晶振频率可以采用 6MHz 或 11.0592MHz，在正常工作的情况下，尽量采用更高频率的晶振，晶振的振荡频率直接影响单片机的处理速度，频率越高，处理速度越快。

③ 振荡电路的起振电容 $C1$、$C2$ 一般采用 $15\sim33\text{pF}$，并且在 PCB 板上距离晶振越近越好，晶振距离单片机越近越好。

2.4.2　8051 单片机最小系统的工作方式

单片机的工作过程实质上是执行用户设计的程序的过程，一般程序的机器码（可执行代码）都已固化到存储器中，因此开机后，就可以执行指令。执行指令又是取指令和执行指令的周而复始的过程。这也是单片机的主要工作方式，除此以外，还有几种工作方式，接下来予以简要介绍。

8051 单片机的工作方式有复位方式、程序执行方式、节电工作方式以及 EPROM 的编程和校验方式 4 种。

（1）复位方式

单片机开始工作前要对其进行复位（即初始化），也就是要对 CPU 及其他功能部件规定一个初始状态，要求从这个状态开始工作。8051 单片机的 RST 引脚是复位信号的输入端。复位信号是高电平有效，持续时间要有 24 个时钟周期以上。例如，若 8051 单片机时钟频率为 12MHz，则复位脉冲宽度至少应为 $2\mu\text{s}$。单片机复位后，其片内各寄存器状态如表 2.6 所示。

（2）程序执行方式

程序执行方式是单片机的基本工作方式，通常可以分为单步执行和连续执行两种工作方式。

① 单步执行方式。单步执行方式是指单片机在单步执行键控制下逐条执行指令代码的方式，即按一次单步执行键就执行一条用户指令的方式。单步执行方式常用于调试用户程序。

单步执行方式是利用单片机外部中断功能实现的。单步执行键相当于外部中断的中断源，当它被按下时相应电路就产生一个负脉冲（即中断请求信号）送到单片机的 $\overline{\text{INT0}}$ 或 $\overline{\text{INT1}}$ 引脚。单片机在 $\overline{\text{INT0}}$ 或 $\overline{\text{INT1}}$ 上的负脉冲的作用下，便能自动执行预先安排在中断服务程序中的如下两条指令：

```
              ⋮

LOOP1:    JNB  P3.2, LOOP1        ;若INT0＝0,则等待

LOOP2:    JB  P3.2, LOOP2         ;若INT0＝1,则等待

          RETI
```

并返回用户程序中执行一条用户指令。这条用户指令执行完后，单片机又自动回到上述中断服务程序执行，并等待用户再次按下单步执行键。

② 连续执行方式。连续执行方式是所有单片机都需要的一种工作方式，被执行程序可以放在片内或片外 ROM 中。由于单片机复位后 PC＝0000H，因此单片机在加电或按钮复位后总是转到 0000H 处执行程序。可以预先在 0000H 处放一条转移指令，就能跳转到 0000H～FFFFH 中的任何地方执行用户程序。

（3）节电工作方式

节电方式是一种能减少单片机功耗的工作方式，通常可以分为空闲（等待）方式和掉电

（停机）方式两种，只有 CHMOS 型器件才有这种工作方式。CHMOS 型单片机是一种低功耗器件，正常工作时消耗 $11\sim20\text{mA}$ 电流，空闲状态时为 $1.7\sim5\text{mA}$ 电流，掉电方式为 $5\sim50\mu\text{A}$。因此，CHMOS 型单片机特别适用于低功耗的应用场合。详细说明参见 CHMOS 型单片机芯片数据手册。

（4）ERROM 的编程和校验方式

这里的编程是指利用特殊手段对单片机片内 EPROM 进行写操作的过程，校验则是对刚刚写入的程序代码进行读出验证的过程。因此，单片机的编程和校验方式只有 EPROM 型器件才有，如 8751H 这样的器件。详细说明参见 8751H 芯片数据手册。

习题与思考题

2.1　8051 单片机由哪几部分组成？

2.2　累加器 A 是多少位的寄存器？功能是什么？

2.3　程序状态字（PSW）是多少位的寄存器？各位的定义是什么？

2.4　程序计数器（PC）是多少位的寄存器？功能是什么？

2.5　数据指针（DPTR）是多少位的寄存器？功能是什么？

2.6　8051 单片机堆栈指针（SP）是多少位的寄存器？作用是什么？单片机初始化后 SP 中的内容是什么？

2.7　8051 单片机寻址范围是多少？其最多可以配置多大容量的 ROM 和 RAM？

2.8　8051 单片机片内 RAM 容量是多少？按用途可以分为哪几个区域？

2.9　8051 单片机有多少个工作寄存器？怎样分配它们的物理地址？

2.10　8051 单片机内部有多少个特殊功能寄存器？可以位寻址的有哪几个？

2.11　8051 单片机有几个并行 I/O 口？有多少根 I/O 线？它们和单片机外部总线有什么关系？

2.12　8051 单片机内部有几个可编程的定时器/计数器？可编程的意思是指什么？

2.13　8051 单片机控制线 ALE 的作用是什么？$\overline{\text{PSEN}}$、$\overline{\text{RD}}$ 和 $\overline{\text{WR}}$ 各自的作用是什么？

2.14　8051 单片机控制线 RST/VPD 的作用是什么？有哪两种复位方式？

2.15　简述 8051 单片机最小系统的组成。

第3章 ▶▶

8051单片机输出口应用

3.1 ▷ 8051单片机输入/输出口

8051单片机有4个并行I/O端口，记为P0、P1、P2和P3，每个端口皆为8位，共32根线。它们的电路功能不完全相同，彼此的结构也不一样。下面以某一位的结构说明它们之间的不同之处。

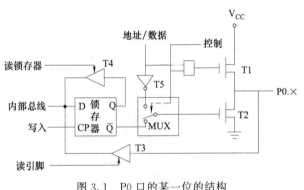

图 3.1　P0 口的某一位的结构

（1）P0 口的结构

图 3.1 是 P0 口某一位的结构。它由一个锁存器、两个三态输入缓冲器 T3 和 T4、场效应管 T1 和 T2、控制与门、反向器 T5 和转换开关 MUX 组成。当转换开关 MUX 控制信号为 0 时，MUX 开关向下，P0 口作为普通 I/O 口使用；当转换开关 MUX 控制信号为 1 时，MUX 开关向上，P0 口作为地址/数据总线使用。

① P0 口作为普通 I/O 口使用。P0 口作为普通 I/O 口使用时，与门输出为 0，场效应管 T1 截止。

a. P0 口作为输出口。当 CPU 在 P0 口执行输出指令时，写脉冲加在锁存器的 CP 端，这样与内部总线相连的 D 端数据 Dx 进入锁存器，经锁存器的 $\overline{Q}$ 端送至场效应管 T2，由于 T1 截止，电路 T2 漏极开路，形成了漏极开路的输出形式。如果要在 P0.× 输出 TTL 高电平，应在引脚 P0.× 上外接上拉电阻。若 Dx=0，则 Q=0，$\overline{Q}$=1，T2 导通，引脚 P0.× 输出低电平；若 Dx=1，则 Q=1，$\overline{Q}$=0，T1、T2 截止，引脚 P0.× 输出高电平。

b. P0 口作为输入口。当 P0 口作为输入口使用时，CPU 需要读取的是引脚 P0.× 的状态。要正确地读取引脚 P0.× 的状态，必须使场效应管 T2 截止，然后通过缓冲器 T3 使引脚 P0.× 状态到达内部总线。因为如果 T2 导通，引脚 P0.× 被强制拉成低电平，无论外界输入设备的状态如何，CPU 读取的状态始终为低电平，从而产生误读。因此读取引脚 P0.× 时，CPU 首先必须使 P0.× 引脚所对应的锁存器置位，以便驱动器中 T2 管截止；然后打开三态输入缓冲器 T3，使相应端口引脚线上的信号输入 MCS-51 系列单片机内部总线。因此，用户在读取引脚 P0.× 时，必须连续使用两条指令，第一条置位引脚指令（SETB　P0.×），向锁存器写 1，使 T2 管截止，可以理解为设置 I/O 口线为输入状态，然后再读取引脚，执行第二条读引脚指令（MOV C，P0.×），这样读取的输入信号才是正确的。

c. 读锁存器。读锁存器也称为读端口，是把锁存器输出 Q 端的数据读入单片机内部总线。CPU 在执行指令（如 MOV A，P0）时，在读锁存器信号有效时，三态输入缓冲器 T4 导通，锁存器 Q 端的状态经缓冲器 T4 读入单片机内部总线。CPU 读入的这个数据并非端口引脚线上输入的数据，而是上次从该端口输出的数据。读端口是为了适应对端口进行"读—修改—写"类指令的需要。例如，指令"ANL P0，A"，执行该指令时，先读 P0 端口的数据，再与 A 的内容进行逻辑与，然后把运算结果送回 P0 口锁存器，并输出到引脚。不直接读引脚而读锁存器是为了避免可能出现的错误。如图 3.2 所示，采用 P0.×驱动晶体管 T，当向 P0.×写 1 时，晶体管 T 导通，并把 P0.×拉成低电平。这时，如果从 P0.×读取数据，就会得到一个低电平 0，显然这个结果是不对的。事实上，P0.×应该为高电平 1。如果从 D 锁存器的 Q 端读取，则得到正确的结果。

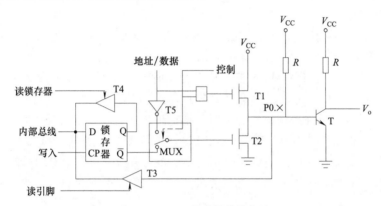

图 3.2　P0.×驱动晶体管电路

② P0 口作为地址/数据总线使用。在访问外部存储器时，P0 口作为地址/数据复用口使用。这时转换开关 MUX 控制信号为 1，MUX 开关接到反相器 T5 的输出端，CPU 输出的地址/数据通过与门驱动 T1，同时通过反相器 T5 驱动 T2。

a. P0 口作为地址总线使用。当地址信号为"0"时，与门输出低电平，T1 管截止；反相器输出高电平，T2 管导通，输出引脚的地址信号为低电平。反之，当地址信号为"1"时，与门输出高电平，T1 管导通；反相器输出低电平，T2 管截止，输出引脚的地址信号为高电平。可见，在输出地址信息时，T1、T2 管是交替导通的，负载能力很强，可以直接与外设存储器相连，无须增加总线驱动器。

b. P0 口作为数据总线使用。在访问外部程序存储器时，P0 口输出低 8 位地址信息后，将变为数据总线，以便读指令码（输入）。在取指令期间，MUX 控制信号为 0，T1 管截止，转换开关接到锁存器反相输出端，CPU 自动将 0FFH（11111111，即向 D 锁存器写入高电平"1"）写入 P0 口锁存器，使 T2 管截止，在读引脚信号控制下，通过读引脚缓冲器将指令码读到内部总线。

由此可以看出，P0 口作为地址/数据总线使用时是一个真正的双向口。

（2）P1 口的结构

图 3.3 是 P1 口某一位的结构。其只作为普通 I/O 口使用，因此结构上比较简单，没有转换开关 MUX。它由一个锁存器、两个三态输入缓冲器 T3 和 T4、场效应管 T2 和上拉电阻 R 组成。

　　a. P1 口作为输出口。当 CPU 在 P1 口执行输出指令时，若 Dx＝0，在写脉冲加在锁存器的 CP 端时，Q＝0，$\overline{Q}$＝1，T2 导通，引脚 P1.×输出低电平；若 Dx＝1，则 Q＝1，$\overline{Q}$＝0，T2 截止，由内部上拉电阻 R 把引脚 P1.×拉成高电平。

　　b. P1 口作为输入口。当 P1 口用作输入口时，必须先向锁存器写 1，使场效应管 T2 截止，内部上拉电阻 R 把引脚 P1.×拉成高电平，然后，再读取引脚状态。这样，外部输入高电平时，引脚 P1.×状态为高电平，输入低电平时，引脚 P1.×状态也为低电平，从而使引脚 P1.×的电平随输入信号的变化而变化，当读引脚信号有效时，三态输入缓冲器 T3 导通，CPU 正确读入外部设备的数据信息。

　　c. 读锁存器。在读锁存器信号有效时，三态输入缓冲器 T4 导通，D 锁存器 Q 端的数据通过三态输入缓冲器 T4 到达单片机内部总线，与 P0 口 I/O 功能一样，P1 口也支持"读—修改—写"这种操作方式。

　　（3）P2 口的结构

　　图 3.4 是 P2 口某一位的结构。它由一个锁存器、两个三态输入缓冲器 T3 和 T4、场效应管 T2、上拉电阻 R、反向器和转换开关 MUX 组成。当转换开关 MUX 为 0 时，P2 口做普通 I/O 口使用；当转换开关 MUX 控制信号为 1 时，P2 口作为高 8 位地址线使用。

　　① P2 口作为高 8 位地址线。当单片机系统扩展片外存储器时，CPU 进行访问片外存储器操作，转换开关 MUX 在控制信号为 1 时，把地址连接到反相器的输入端，经场效应管驱动，在引脚 P2.×输出高 8 位地址信息，此时，P2 口不能作为普通 I/O 口使用。

　　② P2 口作为普通 I/O 口。当单片机系统不扩展片外存储器时，P2 口作为普通 I/O 口，转换开关 MUX 在控制信号为 0 时，把锁存器 Q 端连接到反相器的输入端。其使用方法与P1 口相同。

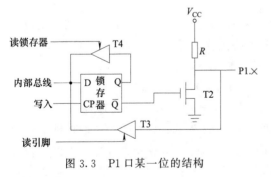

图 3.3　P1 口某一位的结构

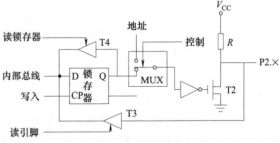

图 3.4　P2 口某一位的结构

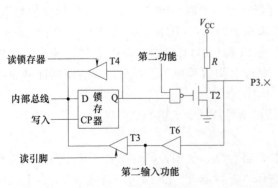

图 3.5　P3 口某一位的结构

　　（4）P3 口的结构

　　图 3.5 是 P3 口某一位的结构。它由一个锁存器、三个三态输入缓冲器 T3、T4 和 T6、场效应管 T2、上拉电阻 R 和与非门组成。

　　① P3 口作为第二功能。P3 口作为第二功能使用时，CPU 不能对 P3 口进行字节和位寻址，内部硬件自动使锁存器 Q 端置 1，与非门的输出只取决于"第二功能"的状态，或使引脚 P3.×通过缓冲器 T6

输入第二功能信号。表 3.1 为 P3 口各位的第二功能。

② P3 口作为普通 I/O 口。P3 口作为普通 I/O 口使用时，第二功能保持为高电平，与非门的输出只取决于锁存器输出 Q 的状态，其工作原理与 P1 口相同。

需注意的是：P3.×不管是作为 I/O 口的输入，还是作为第二功能的输入，锁存器的 D 端和第二功能端都必须为高电平，区别在于前者是由用户写指令置 1，而后者是由内部硬件自动实现。

在引脚 P3.×的输入通道中，有两个缓冲器 T3 和 T6，作通用的输入时，引脚 P3.×的状态经缓冲器 T6 和 T3 输入单片机内部总线，并被 CPU 存储到相应单元中；而第二功能的输入信号（$\overline{INT0}$、$\overline{INT1}$、T0、T1、RXD），取自缓冲器 T6 的输出端，由于 CPU 未执行"读引脚"类的输入指令，缓冲器 T3 处于高阻状态。

表 3.1　P3 口各位的第二功能

P3 口的位	第二功能	信号名称
P3.0	RXD	串行数据接收
P3.1	TXD	串行数据发送
P3.2	$\overline{INT0}$	外部中断 0 申请
P3.3	$\overline{INT1}$	外部中断 1 申请
P3.4	T0	定时器/计数器 0 计数输入
P3.5	T1	定时器/计数器 1 计数输入
P3.6	$\overline{WR}$	外部 RAM 写选通
P3.7	$\overline{RD}$	外部 RAM 读选通

3.2 ◆ 常用元器件

8051 单片机的输出端口可直接连接数字电路，常用的负载有发光二极管、开关三极管、电磁式继电器及蜂鸣器等。

（1）发光二极管

发光二极管（Light Emitting Diode，LED）体积小，功耗低，常被用作微机与数字电路的输出设备，用来指示信号状态。近年来，LED 的技术发展很快，在颜色方面，除红色、绿色、黄色外，还出现了蓝色与白色，而高亮度的 LED 更是取代了传统灯泡成为灯具的发光器件，就连汽车的尾灯也开始流行使用 LED 车灯。

一般来说，LED 具有二极管的特点，反向偏压时，LED 将不发光；正向偏压时，LED 将发光。以红色 LED 为例，正向偏压时，LED 两端约有 1.7V 的压降（比普通二极管大），LED 伏安特性曲线与电气符号如图 3.6 所示。

（2）开关三极管

开关三极管（switch transistor）具有寿命长、安全可靠、没有机械磨损、开关速度快、体积小等特点。其外形与普通三极管相同，工作于截止区和饱和区，相当于电路的切断和导通。由于它具有完成断路和接通的作用，被广泛应用于各种电路中，如常用的开关电源电路、驱动电路、高频振荡电路、模/数转换电路、脉冲电路及输出电路等。

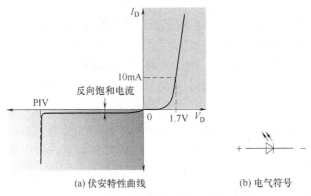

(a) 伏安特性曲线　　　　　　(b) 电气符号

图 3.6　LED 伏安特性曲线和电气符号

　　当加在三极管发射结的电压小于 PN 结的导通电压，基极电流为零，集电极电流和发射极电流都为零，三极管这时失去了电流放大作用，集电极和发射极之间相当于开关的断开状态，即为三极管的截止状态。

　　当加在三极管发射结的电压大于 PN 结的导通电压，并且当基极的电流增大到一定程度时，集电极电流不再随着基极电流的增大而增大，而是处于某一定值附近不再发生变化，此时三极管失去电流放大作用，集电极和发射极之间的电压很小，集电极和发射极之间相当于开关的导通状态，即为三极管的导通状态。

(a) NPN型　　　　　　(b) PNP型

图 3.7　NPN 型和 PNP 型三极管电气符号

　　三极管的种类很多，并且不同型号有不同的用途。三极管大多是塑料封装或金属封装。常见三极管的电气符号，有一个箭头的电极是发射极，箭头朝外的是 NPN 型三极管，箭头朝内的是 PNP 型三极管。实际上箭头所指的方向表示电流的方向。

　　NPN 型和 PNP 型三极管电气符号如图 3.7 所示。

　　（3）电磁式继电器

　　电磁式继电器是一种电子控制器件，它具有控制系统（又称输入回路）和被控制系统（又称输出回路），通常应用于自动控制电路中。它实际上是一种用较小的电流去控制较大电流的"自动开关"，故在电路中起着自动调节、安全保护、转换电路等作用。

　　电磁式继电器一般由铁芯、线圈、衔铁、触点簧片等组成。只要在线圈两端加上一定的电压，线圈中就会流过一定的电流，从而产生电磁效应，衔铁就会在电磁力吸引的作用下克服弹簧的拉力吸向铁芯，从而带动衔铁的动触点与静触点（常开触点）吸合。当线圈断电后，电磁铁的吸力也随之消失，衔铁就会在弹簧的反作用力下返回原来的位置，使动触点与静触点（常开触点）释放。这样吸合、释放，从而达到了在电路中的导通、切断的目的。对于继电器的"常开""常闭"触点，可以这样来区分：继电器线圈未通电时处于断开状态的静触点称为"常开触点"，处于接通状态的静触点称为"常闭触点"。电磁式继电器工作原理及电气符号如图 3.8 所示。

　　（4）蜂鸣器

　　蜂鸣器是一种一体化结构的电子讯响器，采用直流电压供电，广泛应用于计算机、打印机、复印机、报警器、电子玩具、汽车电子设备、电话机、定时器等电子产品中，用作发声器件。蜂鸣器主要分为压电式蜂鸣器和电磁式蜂鸣器两种类型。

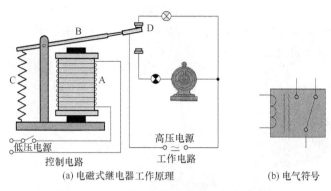

(a) 电磁式继电器工作原理　　　　　　(b) 电气符号

图 3.8　电磁式继电器工作原理与电路符号

A—电磁铁；B—衔铁；C—弹簧；D—触点簧片

① 压电式蜂鸣器。压电式蜂鸣器主要由多谐振荡器、压电蜂鸣片、阻抗匹配器及共鸣箱、外壳等组成。有的压电式蜂鸣器外壳上还装有发光二极管。多谐振荡器由晶体管或集成电路构成。当接通电源后（1.5～15V 直流工作电压），多谐振荡器起振，输出 1.5～2.5kHz 的音频信号，阻抗匹配器推动压电蜂鸣片发声。压电蜂鸣片由锆钛酸铅或铌镁酸铅压电陶瓷材料制成。在陶瓷片的两面镀上银电极，经极化和老化处理后，再与黄铜片或不锈钢片粘在一起。

② 电磁式蜂鸣器。电磁式蜂鸣器由振荡器、电磁线圈、磁铁、振动膜片及外壳等组成。接通电源后，振荡器产生的音频信号电流通过电磁线圈，使电磁线圈产生磁场。振动膜片在电磁线圈和磁铁的相互作用下，周期性地振动发声。

上述两种类型的蜂鸣器根据发声原理又分为无源型和有源型。这里的"源"不是指电源，而是指振荡源。也就是说，有源蜂鸣器内部带振荡源，所以只要一通电就会叫。而无源蜂鸣器内部不带振荡源，所以，如果用直流信号驱动它，无法令其鸣叫，必须用 2～5kHz 的方波信号去驱动它。有源蜂鸣器往往比无源的要贵，就是因为里面多了个振荡电路。无论是有源型还是无源型，都可以通过单片机控制驱动信号来使其发出不同音调的声音，驱动方波的频率越高，音调就越高；驱动方波的频率越低，音调也就越低。由此可根据驱动方波的频率使蜂鸣器奏出各种音调的音乐。无源蜂鸣器外观与电气符号如图 3.9 所示。

(a) 无源蜂鸣器外观　　　　(b) 电气符号

图 3.9　无源蜂鸣器外观与电气符号

（5）光耦

光电耦合器（Optical Coupler，OC）亦称光电隔离器，简称光耦，是开关电源电路中常用的器件。

光耦以光为媒介传输电信号，它对输入、输出电信号有良好的隔离作用，所以，它在各种电路中得到广泛的应用，目前已成为种类最多、用途最广的光电器件之一。

光电耦合器一般由三部分组成：光的发射、光的接收及信号放大。输入的电信号驱动发光二极管（LED），使之发出一定波长的光，被光探测器接收而产生光电流，再经过进一步放大后输出。这就完成了电—光—电的转换，从而起到输入、输出、隔离的作用。由于光耦合器输入输出之间互相隔离，电信号传输具有单向性等特点，因而具有良好的电绝缘能力和抗干扰能力。所以，它在长线传输信息中作为终端隔离元件可以大大提高信噪比，在计算机数字通信及实时控制中作为信号隔离的接口器件，可以大大提高计算机工作的可靠性。单路光耦的外观与内部结构如图 3.10 所示。

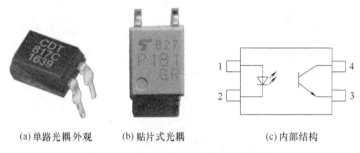

(a)单路光耦外观　　　(b)贴片式光耦　　　(c)内部结构

图 3.10　单路光耦的外观与内部结构

1—发射端正极；2—发射端负极；3—接收端 E 极；4—接收端 C 极

3.3 ⊙ 常见输出电路设计

（1）驱动 LED 电路设计

8051 单片机任意 I/O 口线都可直接驱动 LED，但要考虑 LED 的使用寿命，一般流过 LED 的电流以 10～20mA 为宜。LED 驱动电路如图 3.11 所示。

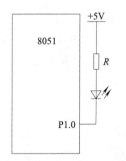

图 3.11　LED 驱动电路

当 P1.0 输出低电平时，LED 导通，流过的电流 I_D 为

$$I_D = \frac{5-1.7}{R}$$

若电路 I_D 取 15mA，则限流电阻 R 为 220Ω。对于 TTL 电平的数字电路或微控制器电路，一般 R 取 200～330Ω。

（2）驱动继电器电路设计

8051 单片机控制不同电压或较大电流的负载时，可通过继电器实现。为了提高驱动能力，可以使用晶体管来控制继电器，驱动电路如图 3.12 所示。

这里的晶体管是当成开关来用的，当 P1.0 输出高电平时，晶体管工作于饱和状态；当 P1.0 输出低电平时，晶体管工作于截止状态。其中的二极管 VD 提供继电器线圈电流的放电路径，以保护晶体管。由于线圈属于电感性负载，当晶体管截止时，集电极电流 $i_C=0$，而原本线圈上的电流 i_L 不可能瞬间为 0，所以二极管 VD 就提供一个 i_L 的放电路径，使线圈不会产生高的感应电动势，就不会烧坏晶体管。

（3）驱动蜂鸣器电路设计

8051 单片机驱动蜂鸣器的信号为各种频率的脉冲，其驱动方式可采用达林顿晶体管，或以两个常用的小晶体管连接成达林顿结构，两个晶体管均工作在放大区，其放大倍数是两者之积，驱动电路如图 3.13 所示。

我们知道，蜂鸣器就像是一个电磁铁，当 P1.0 输出高电平时，达林顿晶体管导通，蜂鸣器中有电流流过，这时它的内部簧片将被吸住；当 P1.0 输出低电平时，达林顿晶体管截止，蜂鸣器中没有电流流过，这时它的内部簧片将被放开。由输出脉冲信号导致的这种吸放动作（即簧片振动）就使蜂鸣器发出声音。

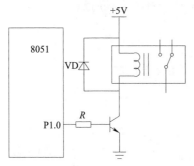

图 3.12　晶体管驱动继电器电路

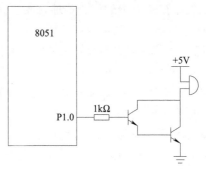

图 3.13　蜂鸣器驱动电路

3.4 ☉ 指令格式

指令（instruction）是人们给计算机的命令，是芯片制造厂家提供给用户使用的软件资源。一台计算机所有指令的集合称为指令系统。由于计算机只能识别二进制数和二进制编码，而对于用户来说，二进制编码可读性差，难以记忆和理解，因此，一条指令有两种表示方式：一种是计算机能够识别的机器码（二进制编码的指令代码）——机器语言（machine language）；另一种是采用人们容易理解和记忆的助记符形式——汇编语言（assembly language）。汇编语言便于用户编写、阅读和识别程序，但不能直接被计算机识别和理解，必须汇编成机器语言才能被计算机识别和执行。汇编语言可以汇编为机器语言，机器语言也可反汇编为汇编语言，它们之间一一对应。汇编和反汇编可以由编译系统自动完成，也可以由用户通过人工查表的方法手工完成。

8051 单片机汇编语言指令由标号、操作码助记符、操作数和注释 4 个部分组成，格式如下。

〔标号：〕操作码助记符　　〔操作数〕；〔注释〕

上述格式中，操作码助记符和操作数之间要用空格分隔；操作数如果有两个以上，则彼此之间用逗号分隔；操作码助记符为必选项（即任何语句都必须有操作码），其他为任选项。

下面为一段汇编语言源程序。

标号	操作码助记符	操作数	注释
START：	MOV	A，#00H	；A←0
	MOV	R2，#0AH	；R2←10
	MOV	R3，#05H	；R3←5
LOOP：	ADD	A，　R3	；A←A+R3
	DJNZ	R2，LOOP	；若 R2−1≠0，则 LOOP
	NOP		
	SJMP	$	

上述 4 个部分在汇编语言源程序中的作用及应该遵守的基本语法规则说明如下。

（1）标号

标号位于一条语句的开头，如上述程序中的 START 和 LOOP，因它指明了该语句指令操作码在程序存储器中的存放地址，故它又称标号地址。有关标号的规定如下。

① 标号后面必须跟冒号"："。

② 标号由大写英文字母开头的字母和数字串组成，长度为 1～8 个字符。

③ 不能采用指令助记符、寄存器号以及伪指令助记符等作为语句的标号。

④ 在一个程序中一个标号只能用在一条语句前。

（2）操作码助记符（操作码）

操作码助记符为任一语句的必选项，可以是指令的助记符（如上述程序中的 MOV、ADD、NOP 等），也可以是伪指令和宏指令的助记符（如 ORG 和 END 等），用于指示语句进行何种操作。

（3）操作数

操作数用于存放指令的操作数或操作数地址，可以采用字母和数字等多种表示形式。操作数个数因指令不同而不同，通常有双操作数、单操作数和无操作数 3 种情况。

在操作数的表示中，有以下几种表示形式。

① 二进制、十进制和十六进制表示形式。在多数情况下，操作数或操作数地址总是采用十六进制形式来表示的，只有在某些特殊场合才采用二进制或十进制的表示形式。若操作数采用十六进制形式，则需加后缀"H"；若操作数采用二进制形式，则需加后缀"B"；若操作数采用十进制形式，则需加后缀"D"，因十进制数是生活中的数，故也可以省略后缀。若十六进制的操作数以字符 A～F 中的某个开头，为了与英文字母 A～F 区别，需在其前面加 0。

② 工作寄存器和特殊功能寄存器的表示形式。当操作数在某个工作寄存器或特殊功能寄存器中时，操作数允许采用工作寄存器和特殊功能寄存器的符号来表示，例如上例中的累加器 A 和工作寄存器 R0～R7。另外，工作寄存器和特殊功能寄存器也可用其物理地址来表示，如累加器 A 可用 0E0H 来表示。

③ 符号地址表示形式。操作数里的操作数地址常常可以采用经过定义的符号地址表示，若地址 M 已经用伪指令定义，则指令"MOV　A，M"合法。

④ 美元符号 $ 表示形式。美元符号 $ 常在转移类指令的操作数中使用，用于表示该转移指令操作数所在的地址。如上述程序中"SJMP　　$"与"NEXT：SJMP　　NEXT"是等价的，都是表示在原地跳转。

（4）注释

注释用于解释指令或程序的含义，对编写程序和提高程序的可读性非常有用。注释为任选项，使用时必须以分号"；"开头，一行写不下需另起一行时，也必须以分号"；"开头。注释不会产生指令代码。

3.5 ➲ 寻址方式

所谓指令的寻址方式就是 CPU 执行指令时获取操作数的方式。CPU 在执行指令时，首先要根据地址寻找参加运算的操作数，然后才能对操作数进行操作，对应于程序的取指令过程；在操作数运算后，还要将运算结果根据地址存入相应存储单元或寄存器中，对应于指令的执行过程。

寻址方式的多少是反映指令系统优劣的主要指标之一。寻址方式隐含在指令代码中，寻址方式越多，灵活性越大，指令系统越复杂。MCS-51 系列单片机提供了 7 种不同的寻址方式：立即寻址、直接寻址、寄存器寻址、寄存器间接寻址、变址寻址、相对寻址和位寻址。

（1）立即寻址

立即寻址的操作数是常数，直接在指令中给出，紧跟在操作码的后面，作为指令的一部分，与操作码一起存放在程序存储器中，可以立即得到，不需要经过别的途径寻找，所以称为立即寻址。在 MCS-51 系列单片机中，常数前面以 "♯" 符号作为前缀表示立即寻址。例如：

MOV   A，♯05H

这条指令的操作码为 74H，它规定了源操作数为立即寻址，其功能是把常数 05H 送给累加器 A。指令执行过程如图 3.14 所示。

（2）直接寻址

直接寻址是在指令中直接提供存储单元地址的寻址方式。在 MCS-51 系列单片机中，这种寻址方式针对的是片内数据存储器和特殊功能寄存器。在汇编指令中，直接以地址的形式提供存储器单元的地址。例如：

MOV   A ，20H

这条指令的操作码为 E5H，它规定了源操作数为直接寻址，其功能是将指令操作码后的操作数 20H 作为片内 RAM 的地址，将 20H 单元中的内容（30H）送给累加器 A。指令执行过程如图 3.15 所示。

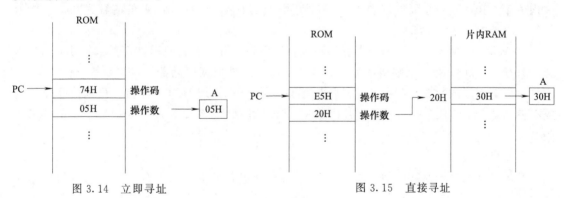

图 3.14 立即寻址
图 3.15 直接寻址

对于特殊功能寄存器，在指令中使用时往往通过特殊功能寄存器的名称使用，而特殊功能寄存器名称实际上是特殊功能寄存器单元的地址，因而是直接寻址。例如：

MOV   A，P0

其功能是把 P0 口的内容送给累加器 A。P0 是特殊功能寄存器 P0 口的符号地址，该指令在翻译成机器码时，P0 就转换成直接地址 80H。

（3）寄存器寻址

寄存器寻址就是操作数存放在寄存器中，指令中直接给出寄存器名称的寻址方式。在 MCS-51 系列单片机中，这种寻址方式用到的寄存器为 8 个通用寄存器 R0～R7、累加器 A、寄存器 B 和数据指针寄存器（DPTR）。例如：

MOV　A，R0

其功能是把寄存器 R0 中的数送给累加器 A。在指令中，源操作数 R0 为寄存器寻址，传送的对象为 R0 中的数据。如指令执行前 R0 中的内容为 20H，则指令执行后累加器 A 中的内容也为 20H。指令执行过程如图 3.16 所示（操作码后三位 8 种组合对应 R0～R7，本例源操作数为 R0，如果是 R7，则后三位取 111，这时 R7 的 RAM 地址为 07H）。

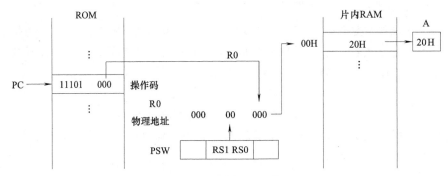

图 3.16　寄存器寻址

（4）寄存器间接寻址

寄存器间接寻址是指存储单元的地址存放在寄存器中，在指令中通过相应的寄存器来提供存储单元的地址。形式为 "@寄存器名"。例如：

MOV　A，@R0

该指令的功能是将工作寄存器 R0 中的内容取出，作为地址从相应的片内 RAM 单元中取出内容传送到累加器 A 中。指令的源操作数是寄存器间接寻址。若 R0 的内容为 30H，片内 RAM 30H 地址单元的内容为 05H，则执行该指令后，累加器 A 的内容为 05H。指令执行过程如图 3.17 所示。

在 MCS-51 系列单片机中，寄存器间接寻址用到的寄存器有通用寄存器 R0、R1 和数据指针寄存器（DPTR），能够访问片内数据存储器和片外数据存储器。其中，用 R0 和 R1 作指针可以访问片内数据存储器和片外数据存储器低 256B；用 DPTR 作指针可以访问片外数据存储器整个 64KB 空间。另外，片内 RAM 访问用 MOV 指令，片外 RAM 访问用 MOVX 指令。

（5）变址寻址

变址寻址是指操作数的地址由基址寄存器中的内容加上变址寄存器中的内容得到。在 MCS-51 系列单片机中，基址寄存器可以是数据指针寄存器（DPTR）和程序计数器（PC），变址寄存器只能是累加器 A。这种寻址方式只适用于程序存储器，通常用于访问程序存储器中的表格型数据，表首单元的地址为基址，表内单元相对于表首的位移量为变址，两者相加得到访问单元的地址。例如：

MOVC　A，@A＋DPTR

其功能是将数据指针寄存器（DPTR）的内容和累加器 A 中的内容相加作为程序存储器的地址，从对应的单元中取出内容送到累加器 A 中。指令中，源操作数的寻址方式为变址寻址，设指令执行前数据指针寄存器（DPTR）的值为 1000H，累加器 A 的值为 20H，程序存储器 1020H 单元的内容为 30H，则指令执行后，累加器 A 中的内容为 30H。指令执行过程如图 3.18 所示。

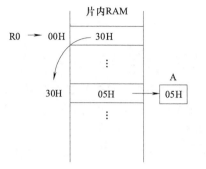

图 3.17　寄存器间接寻址　　　　　　　　图 3.18　变址寻址

变址寻址可以用数据指针寄存器（DPTR）作基址，也可以用程序计数器（PC）作基址，当使用程序计数器（PC）时，由于 PC 用于控制程序的执行，在程序执行过程中用户不能随意改变，它始终是指向下一条要执行指令的地址，因而就不能直接把基址放在 PC 中。那基址如何得到呢？基址可以通过由当前的 PC 值加上一个相对于表首位置的差值得到。这个差值不能加到 PC 中，可以通过加到累加器 A 中来实现。这样同样可以得到对应单元的地址。这个过程将会在后面介绍。

（6）相对寻址

相对寻址用在相对转移指令中，是以当前程序计数器（PC）值加上指令中给出的偏移量 rel 得到目标地址。使用相对寻址时要注意以下两点。

① 当前 PC 值是指转移指令执行时的 PC 值，它等于转移指令的地址加上转移指令的字节数。实际上是转移指令的下一条指令的地址。

② 偏移量 rel 是二进制 8 位有符号数，以补码表示，它的取值范围为 −128～+127。如果是负数，就向前转移；反之，则向后转移。

相对寻址的目标地址如下。

　　目标地址＝当前 PC＋rel＝转移指令的地址＋转移指令的字节数＋rel

例如，若转移指令的地址为 1000H，转移指令的长度为 2B，位移量为 08H，则转移的目的地址是 1000H＋2＋08H＝100AH。指令执行过程如图 3.19所示。

（7）位寻址

位寻址是指操作数是二进制位的寻址方式。在 MCS-51 系列单片机中有一个独立的位处理器，有多条位处理指令，能够进行各种位运算。在 MCS-51 系列单片机中，位处理的操作对象是各种可寻址位。对它们的访问是通过提供相应的位地址来处理的。

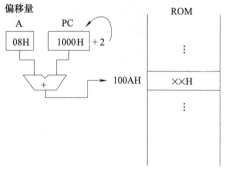

图 3.19　相对寻址

在 MCS-51 系列单片机中，位地址的表示可以采用以下几种方式。

① 直接位地址（00H～FFH）。例如，位地址 20H。

② 字节地址带位号。例如，20H.3 表示 20H 的第 3 位。

③ 特殊功能寄存器名带位号。例如，P0.1 表示 P0 口的第 1 位。

④ 位符号地址。例如，TR0 是定时器/计数器 0 的启动位。

3.6 ◆ 数据传送指令

在 MCS-51 系列单片机中，数据传送是最基本和最主要的操作。数据传送是把源地址中的内容传送到目的地址中，但不改变源地址中的内容。在 MCS-51 系列单片机中，数据传送指令共有 29 条，分为内部数据传送指令、外部数据传送指令、堆栈操作指令和数据交换指令 4 类。用到的指令助记符有 MOV、MOVX、MOVC、XCH、XCHD、PUSH、POP 和 SWAP。

3.6.1 内部数据传送指令

这类指令的源操作数和目的操作数地址都在单片机内部，可以是片内 RAM 的低 128 个地址，也可以是特殊功能寄存器的地址。内部数据传送指令助记符为 MOV。指令格式如下。

MOV 目的操作数，源操作数

源操作数可以为 A、Rn、@Ri、direct、♯data，目的操作数可以为 A、Rn、@Ri、direct、DPTR，组合起来总共 17 条，按目的操作数的寻址方式划分为以下 5 组。

（1）以累加器 A 为目的操作数

```
MOV   A,♯data           ;A←data
MOV   A,Rn              ;A←Rn
MOV   A,direct          ;A←(direct)
MOV   A,@Ri             ;A←(Ri)
```

【例 3.1】 已知 R0＝20H，（20H）＝55H，（30H）＝66H，试问下列指令执行后累加器 A 中的内容是什么？

①MOV A,♯33H；② MOV A,R0；③ MOV A,30H；④ MOV A,@R0。

解 ①A＝33H；②A＝20H；③A＝66H；④A＝55H。

（2）以 Rn 为目的操作数

```
MOV   Rn,♯data          ;Rn←data
MOV   Rn,A              ;Rn←A
MOV   Rn,direct         ;Rn←(direct)
```

【例 3.2】 已知 A＝20H，（20H）＝45H，试问下列指令执行后 R3、R4 和 R0 中的内容是什么？

```
MOV   R3,♯55H
MOV   R4,A
MOV   R0,20H
```

解 R3＝55H，R4＝20H，R0＝45H。

（3）以直接地址 direct 为目的操作数

```
MOV   direct,♯data      ;direct←data
MOV   direct,A          ;direct←A
MOV   direct,Rn         ;direct←Rn
```

MOV   direct,direct   ;direct←(direct)
MOV   direct,@R*i*   ;direct←(R*i*)

【例 3.3】 已知 A＝10H，R1＝30H，（50H）＝44H，（30H）＝7AH，试问下列指令执行后 20H 中的内容是什么？

①MOV   20H，♯11H；②MOV   20H，A；③MOV   20H，R1；④MOV   20H，50H；⑤MOV   20H，@R1。

解   ①(20H)＝11H；②(20H)＝10H；③(20H)＝30H；④(20H)＝44H；⑤(20H)＝7AH。

（4）以间接地址@R*i* 为目的操作数

MOV   @R*i*,♯data   ;(R*i*)←data
MOV   @R*i*,A   ;(R*i*)←A
MOV   @R*i*,direct   ;(R*i*)←(direct)

【例 3.4】 已知 A＝20H，（20H）＝45H，R0＝30H，试问下列指令执行后（30H）中的内容是什么？

①MOV   @R0，♯0BBH；②MOV   @R0，A；③MOV   @R0，20H。

解   ①(30H)＝BBH；②(30H)＝20H；③(30H)＝45H。

从上述传送指令可以总结为图 3.20 所示的传送关系，图中箭头表示数据传送方向。

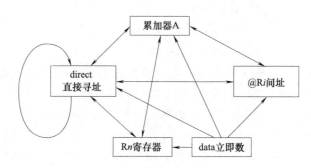

图 3.20   内部数据传送指令的传送方式

注意：在使用上述内部数据传送指令编程时，必须按照图 3.20 所示的传送方式进行数据传送，不能自己杜撰指令，如"MOV   R*n*，R*n*""MOV   @R*i*，R*n*"这样的指令是非法的。

（5）以 DPTR 为目的操作数

MOV   DPTR，   ♯data16   ；DPTR←data16

该指令的功能是把指令码中的 16 位立即数送入 DPTR，其中高 8 位送入 DPH，低 8 位送入 DPL，这个被机器作为立即数看待的数其实是外部 RAM/ROM 地址，是专门配合外部数据传送指令用的。

3.6.2 外部数据传送指令

（1）片外 RAM 字节传送指令

在 MCS-51 系列单片机中只能通过累加器 A 与片外 RAM 进行数据传送，而片外 RAM 只通过寄存器间接寻址方式访问，使用的助记符为 MOVX。指令格式如下。

MOVX   A,@R*i*   ;A←(R*i*)
MOVX   @R*i*,A   ;(R*i*)←A

MOVX   A,@DPTR   ;A←(DPTR)

MOVX   @DPTR,A   ;(DPTR)←A

前面两条指令用于访问外部 RAM 的低地址区，地址范围为 0000H～00FFH；后面两条指令可以访问外部 RAM 的 64KB 空间，地址范围是 0000H～FFFFH。

【例 3.5】 试编写将片外 RAM 30H 单元的内容送片内 60H 单元中的程序。

解

MOV   R0，   ♯30H

MOVX   A，   @R0

MOV   60H，A

【例 3.6】 试编写将片内 RAM 60H 单元的内容送片外 1000H 单元中的程序。

解

MOV   DPTR，   ♯1000H

MOV   A，   60H

MOVX   @DPTR，A

（2）外部 ROM 字节传送指令

在 MCS-51 系列单片机中访问 ROM 的指令只有两条，均属于变址寻址指令，因专门用于查表而又称为查表指令。指令格式如下。

MOVC   A,@A＋DPTR   ;A←（A＋DPTR）

MOVC   A,@ A＋PC   ;A←（A＋PC）

第一条指令采用 DPTR 作为基址寄存器，查表时用来存放表的起始地址。由于用户可以很方便地通过上述 16 位数据传送指令把任意一个 16 位地址送入 DPTR，因此外部 ROM 的 64KB 范围内的任何一个子域都可以用来存放被查表的表格数据。

第二条指令以 PC 作为基址寄存器，但指令中 PC 的地址是可以变化的，它随着被执行指令在程序中位置的不同而不同。一旦被执行指令在程序中的位置确定以后，PC 中的内容也被给定。这条指令执行时分为两步：第一步是取指令码，故 PC 中内容自动加 1，变为指令执行时的当前值；第二步是把这个 PC 当前值和累加器 A 中的地址偏移量相加，以形成源操作数地址，并从外部 ROM 中取出相应的源操作数，传送到作为目的操作数寄存器的累加器 A 中。该指令用作查表时，PC 也要用来存放表的起始地址，但由于进行查表时 PC 的当前值并不一定恰好是表的起始地址，因此常常需要在这条指令前安排一条加法指令，以便把 PC 中的当前值修正为表的起始地址。只有被查表紧紧跟在查表指令后，PC 中的当前值才会恰好是表的起始地址，但一般是不可能的。

【例 3.7】 已知 R2 中存放了一个 0～9 之间的数，采用查表法求其平方值，结果存于 R2 中。

解 平方表由 DB(Define Byte) 伪指令给出，其格式如下。

[标号:]DB 字节型数表

其中，标号为任选项；字节型数表是一串用逗号分开的字节型数据，这些数据可以采用二进制、十进制和 ASCII 码等多种形式表示。DB 的作用是把字节型数据表中的数据依次存放到以标号为起始地址的存储单元中。例如：若 TAB＝1000H，则在单片机程序存储器地址为 1000H 的开始单元存储一个 0～9 的平方表可用下面语句表示。

TAB: DB 0，1，4，9，16，25，36，49，64，81

① 用 DPTR 查表。

程序如下。

```
      MOV   DPTR,♯TAB          ;DPTR←TAB
      MOV   A,R2                ;A←R2
      MOVC  A,@A+DPTR           ;A←(A+DPTR),查表
      MOV   R2,A               ;R2←A
TAB： DB   0,1,4,9,16           ;平方表
      DB   25,36,49,64,81
```

② 用 PC 查表。

程序如下。

```
      MOV   A,R2                ;A←R2
      ADD   A,♯01H             ;A←A+01H
      MOVC  A,@A+PC             ;A←(A+PC),查表
      MOV   R2,A               ;R2←A
TAB： DB   0,1,4,9,16           ;平方表
      DB   25,36,49,64,81
```

注意：查表指令为单字节指令，PC 的值应为查表指令的地址加 1。

3.6.3 堆栈操作指令

堆栈操作指令是一种特殊的数据传送指令，通常在程序设计时，如果用到调用、转移指令，就需要对堆栈指针（SP）进行设置，以便在通用 RAM 区中划出堆栈区。如果不设置 SP，则默认堆栈区会和工作寄存器区有重叠。在 8051 单片机中，堆栈操作指令共有以下两条：

```
PUSH   direct                ;SP←SP+1,(SP)←(direct)
POP    direct                ;(direct)←(SP),SP←SP-1
```

第一条指令称为压栈指令，用于把 direct 为地址的操作数传送到堆栈中。这条指令执行时分为两步：第一步是先使 SP 中的栈顶地址加 1，使之指向堆栈的新的栈顶单元；第二步是把 direct 中的操作数压入由 SP 指示的栈顶单元。

第二条指令称为弹出指令，其功能是把堆栈中的操作数传送到 direct 单元。指令执行时仍分为两步：第一步是把由 SP 所指栈顶单元中的操作数弹到 direct 单元；第二步是使 SP 中的原栈顶地址减 1，使之指向新的栈顶地址。弹出指令不会改变堆栈区存储单元中的内容，堆栈中是不是有数据的唯一标志是 SP 中栈顶地址是否与栈底地址重合，与堆栈区中是什么数据无关。因此，只有压栈指令才会改变堆栈区（或堆栈）中的数据。

【例 3.8】 已知(30H)=55H，(40H)=66H，试利用堆栈作为转存单元编写 30H 单元和 40H 单元内容互换的程序。

解 利用堆栈"先进后出"和"后进先出"的原则编程。

程序如下。

```
MOV  SP,♯70H                 ;SP←70H
PUSH 30H                     ;SP←SP+1,(71H)←55H
PUSH 40H                     ;SP←SP+1,(72H)←66H
POP  30H                     ;(30H)←66H,SP←SP-1=71H
POP  40H                     ;(40H)←55H,SP←SP-1=70H
```

前面三条指令执行后，55H 和 66H 均被压入堆栈，其中，55H 先入栈，故它在 71H 单元中；66H 后入栈，故它在 72H 单元中；SP 因执行的是两条 PUSH 指令，故它两次加 1 后变为 72H，指向了堆栈的栈顶地址，如图 3.21（a）所示。

第 4 条指令执行时，后入栈的数 66H 最先弹回 30H 单元，SP 减 1 后指向新的栈顶单元 71H。第 5 条指令执行时，先入栈的 55H 被弹入 40H 单元，SP 减 1 后变为 70H，与堆栈栈底地址重合，因而堆栈变空，如图 3.21（b）所示。

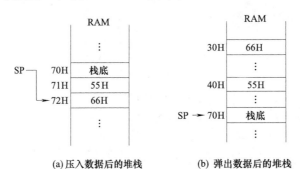

(a) 压入数据后的堆栈   (b) 弹出数据后的堆栈

图 3.21 【例 3.8】利用堆栈实现数据互换

3.6.4 数据交换指令

一般传送指令实现将源操作数传送到目的操作数，指令执行后源操作数不变，数据传送是单向的。数据交换指令是双向传送，执行后，源操作数和目的操作数内容互换。

在 MCS-51 系列单片机中，数据交换指令要求目的操作数必须为累加器 A，共有以下 5 条指令。

```
XCH    A，Rn            ;A↔Rn
XCH    A，direct        ;A↔(direct)
XCH    A，@Ri           ;A↔(Ri)
XCHD   A，@Ri           ;A3~0↔(Ri)3~0
SWAP   A               ;A3~0↔A7~4
```

XCH 指令为字节交换指令，执行后，两个字节的内容进行交换；XCHD 指令为半字节交换指令，执行后两个操作数的低 4 位相互交换，高 4 位不变；SWAP 指令为累加器 A 高 4 位和低 4 位互相交换指令。

【例 3.9】 已知 R0＝30H，（30H）＝23H，（40H）＝B3H，A＝45H，试问下列指令执行后，（30H）、（40H）和累加器 A 中的内容是什么？

①XCH　A，@R0；②XCH　A，40H；③SWAP　A。

解 ①（30H）＝45H，A＝23H；②（40H）＝45H，A＝B3H；③A＝54H。

3.7 ▶ 输出接口电路应用

（1）控制 LED 程序设计

【例 3.10】 设计根据图 3.22 接线的单灯左移程序，要求每个 LED 亮 0.1s。

解 由硬件图可知，P1 口接 8 个 LED，若要实现单灯左移，首先 P1.0 接的 LED 先亮，接着向左依次点亮，任何时刻只有一个 LED 亮。根据接线，P1 口开始时输出 11111110B，可使右面第一个灯亮，其余不亮。利用左环移指令"RL A"（详见第 6 章移位指令）实现依次灯亮。

每个 LED 亮 0.1s，可通过调用延时程序实现。延时程序（通过反复执行指令达到延时的目的），以两重循环结构为例说明如下。

```
        MOV   R5，#data1          ;12 个时钟周期
L2：    MOV   R6，#data2          ;12 个时钟周期
L1：    DJNZ  R6，L1              ;24 个时钟周期
        DJNZ  R5，L2              ;24 个时钟周期
```

程序中 data1 和 data2 不能超过 255（无符号 8 位二进制数最大为 11111111B），DJNZ 为减 1 不为 0 转移指令（详见第 4 章控制转移指令）。对于晶振为 12MHz 的 8051 单片机而言，1 个时钟周期为晶振频率的倒数（即 $1/12\mu s$），12 个时钟周期（单片机系统规定为 1 个机器周期）刚好为 $1\mu s$，这个程序的延时时间 $T=1+(1+R6\times2+2)\times R5$ （μs），假设 data2 = 250，data1 = 200，则延时时间 $T=100751$（μs）≈ 0.1（s）。

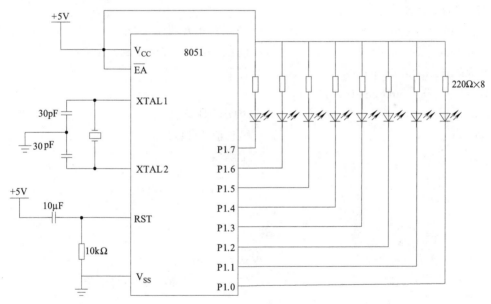

图 3.22　单灯左移接口电路

汇编语言源程序的开始和结束要用到两条伪指令（汇编时不产生操作码）ORG 和 END，ORG（Origin）是起始汇编伪指令，其格式如下。

ORG　16 位地址或符号

该指令功能为指示程序的起始地址。如果不用 ORG，则汇编得到的目标代码将从 0000H 地址开始。在一个源程序中，可以多次使用 ORG 指令，以规定不同程序段的起始地址，但不同的程序段之间不能有重叠。

END（End）是结束汇编伪指令，其格式如下。

END

该指令功能为指示程序的结束。它只能放在程序的最后，如果 END 出现在源程序中

间，则其后的语句将不会被汇编。

汇编语言程序如下。

```
            ORG   0100H          ;程序从 0100 地址开始
START：    MOV   SP，#70H       ;设置堆栈指针
            MOV   A，#0FEH       ;A←11111110B
LOOP：     MOV   P1，A           ;P1←A
            ACALL   DELAY         ;调用延时,单灯亮 0.1s
            RL   A               ;A 的内容左移 1 位
            SJMP   LOOP          ;程序跳转到 LOOP
DELAY：    MOV   R5，#200        ;R5←200
DEL2：     MOV   R6，#250        ;R6←250
DEL1：     DJNZ   R6，DEL1       ;若 R6−1≠0,则跳转到 DEL1
            DJNZ   R5，DEL2       ;若 R5−1≠0,则跳转到 DEL2
            RET                   ;子程序返回
            END                   ;程序结束
```

C51 语言程序如下。

```
#include <reg52.h>              //52 系列单片机头文件
#include <intrins.h>            //包含_crol_函数所在的头文件
#define uint unsigned int        //宏定义
#define uchar unsigned char
void delayms(uint);             //声明延时函数
uchar aa=0xfe;                  //赋初值 11111110
void main()                     //主函数
{
    while(1)
    {
        P1=aa;
        delayms(100);           //延时 100ms
        aa=_crol_(aa，1);        //将 aa 循环左移 1 位后再赋给 aa
    }
}
void delayms(uint xms)
{
    uint i，j;
    for(i=x; i>0; i--)           // i=x 即延时约 $x$ ms
    for(j=110; j>0; j--);
}
```

【例 3.11】 设计根据图 3.22 接线的循环彩灯程序。

解 利用查表方法编程。彩灯花样为单灯左移、右移、闪烁，不断循环。控制码表以 ASCII 码 01H 结尾。

　　彩灯花样显示完则从头开始，判断是否显示完，采用"CJNE　A，♯01H，rel"实现，CJNE 为比较转移指令（详见第 4 章控制转移指令）。

　　汇编语言程序如下。

```
            ORG   0100H
MAIN：      MOV   SP，♯70H
START：     MOV   DPTR，♯TAB              ;DPTR←控制表首地址
LOOP：      CLR   A                       ;A 清零
            MOVC  A,@A+DPTR               ;查控制码
            CJNE  A,♯01H,NEXT             ;彩灯花样是否显示完
            AJMP  START                   ;显示完继续从头开始
NEXT：      MOV   P1, A                    ;输出显示
            ACALL  DELAY                  ;调用 0.1s 延时
            INC   DPTR                    ;指针指向下一个控制码
            AJMP  LOOP                    ;程序跳转到 LOOP
DELAY：     MOV   R5，♯200                 ;延时 0.1s
DEL2：      MOV   R6，♯250
DEL1：      DJNZ  R6，DEL1
            DJNZ  R5，DEL2
            RET                           ;子程序返回
TAB：       DB  0FEH，0FDH，0FBH，0F7H      ;彩灯花样控制码表
            DB  0EFH，0DFH，0BFH，7FH
            DB  7FH，0BFH，0DFH，0EFH
            DB  0F7H，0FBH，0FDH，0FEH
            DB  00H，0FFH，00H，0FFH，01H
            END
```

C51 语言程序如下。

```
♯include ＜reg52.h＞
void delayms(int);                        //声明延时函数
unsigned char code TABLE[]={
    0xfe, 0xfd, 0xfb, 0xf7, 0xef, 0xdf, 0xbf, 0x7f,   //左移控制码
    0xbf, 0xdf, 0xef, 0xf7, 0xfb, 0xfd, 0xfe,          //右移控制码
    0x00, 0xff, 0x00, 0xff, 0x01};                    //闪烁控制码
unsigned char i;
void main()
{
  while(1)
    {
      if(TABLE[i]! =0x01)
        {
          P1=TABLE[i];
```

```
                i++;
                delayms(100);                              //延时 100ms
            }
            else i=0;
        }
    }
    void delayms(int x)
    {
        int i,j;
        for(i=x; i>0; i--)                                 //i=x 即延时约 x ms
            for(j=110; j>0; j--);
    }
```

（2）控制蜂鸣器程序设计

【例 3.12】 设计根据图 3.13 接线的变频报警程序，要求频率在 1kHz 和 2kHz 之间切换，每隔 1s 变换一次。

解 若在 1s 内产生频率为 1kHz 的脉冲，则需要在 1s 内，蜂鸣器内部簧片进行吸放动作各 1000 次，每次动作持续时间为 0.5ms；而要产生频率为 2kHz 的脉冲，则需要在 1s 内进行吸放动作各 2000 次，每次动作持续时间为 0.25ms。因此，P1.0 在 1s 内先输出周期为 1ms 的方波信号，蜂鸣器产生频率为 1kHz 的声音，接着 P1.0 在 1s 内输出周期为 0.5ms 的方波信号，蜂鸣器产生频率为 2kHz 的声音，从而实现变频报警。本例切换 P1.0 输出信号采用取反指令"CPL P1.0"（详见第 7 章位操作指令）实现。

汇编语言程序如下。

```
                ORG    0100H                    ;程序从 0100 地址开始
    MAIN：      MOV    SP,♯70H
    START：     MOV    R2,♯8                     ;1kHz 持续时间
    L1：        MOV    R3,♯250
    L2：        CPL    P1.0                      ;输出 1kHz 方波
                ACALL, DELAY0.5ms                ;延时 0.5ms
                DJNZ   R3, L2                    ;持续 1s
                DJNZ   R2, L1
                MOV    R4,♯16                    ;2kHz 持续时间
    L3：        MOV    R5,♯250
    L4：        CPL    P1.0                      ;输出 2kHz 方波
                ACALL, DELAY0.25ms               ;延时 0.25ms
                DJNZ   R5, L4                    ;持续 1s
                DJNZ   R4, L3
    DELAY0.25ms：MOV   R6, ♯125                  ;延时 0.25ms
    LOOP：      DJNZ   R6, LOOP
                RET                              ;子程序返回
    DELAY0.5ms：MOV    R7, ♯250                  ;延时 0.5ms
```

```
LOOP:        DJNZ  R7，LOOP
             RET                        ;子程序返回
             END                        ;程序结束
```

C51 语言程序如下。

```
#include <reg52.h>
sbit buzzer=P1^0;
void delayms(int);                  //声明延迟函数
void pulse_BZ(int，int，int);         //声明蜂鸣器发声函数
main()
{   while(1)
    {   pulse_BZ(1000，2，2);         //发声频率 1kHz
        delayms(4000);              //间隔 1s
        pulse_BZ(2000，1，1);         //发声频率 2kHz
    }
}


void pulse_BZ(int count，int TH，int TL)
{   int i;
    for(i=0；i<count；i++)
    {   buzzer=1;
        delayms(TH);
        buzzer=0;
        delayms(TL);
    }
}
void delayms(int x)
{
    int i，j;
    for(i=x；i>0；i--)               //i=x 即延时约 0.25x ms
        for(j=30；j>0；j--);
}
```

习题与思考题

3.1 指出 P0、P2 引脚的其他功能。

3.2 指出 P3 引脚的其他功能。

3.3 如图 3.12 所示电路，继电器的线圈两端并接一个反向二极管，其功能是什么？

3.4 试指出 8051 单片机共有几种寻址方式？分别是什么？并举例说明。

3.5 写出能完成下列数据传送的指令程序。

① 将 R2 中的内容传送到 R3 中。

② 将外部 RAM 区 30H 中的内容传送到内部 RAM 区 30H 中。

③ 将内部 RAM 区 20H 中的内容传送到外部 RAM 区 1000H 中。

④ 将外部 RAM 区 2000H 中的内容传送到外部 RAM 区 1000H 中。

⑤ 将外部 ROM 区 4000H 中的内容传送到内部 RAM 区 30H 中。

⑥ 将外部 ROM 区 1000H 中的内容传送到外部 RAM 区 2000H 中。

3.6 已知(20H)＝33H，(30H)＝44H，SP＝70H，若执行下列程序段，试完成下列程序注释。

```
PUSH    20H        ；SP＝____，堆栈单元（    ）＝____
PUSH    30H        ；SP＝____，堆栈单元（    ）＝____
POP     20H        ；(20H)＝____，SP＝____
POP     30H        ；(30H)＝____，SP＝____
```

3.7 如图 3.22 所示电路，若要实现单 LED 灯右移，应如何修改程序？双 LED 灯右移呢？

3.8 试编写延时 1s 的子程序。

3.9 如图 3.13 所示电路，若要产生 1kHz 的声音 0.2s，暂停 0.05s，100kHz 的声音 0.1s，暂停 0.2s，应如何修改程序？

第4章
8051单片机输入口应用

4.1 ● 8051单片机时序分析

单片机系统正常工作的条件，除要做到电平匹配、功率匹配外，还要做到时序匹配。顾名思义，时序是时间顺序。为了明确它的含义，先看一个例子。

某初中生早晨6：20起床，洗漱15min，吃早餐25min，7：00背书包坐上校车，经过30min到达学校。

如果用时序来描述就是这样：从这名初中生起床一直到学校可以称为一个控制周期。在此周期内完成三件事，而且它们有先后次序。每件事需要在规定的时间内完成，否则影响后续工作。这里每件事可以称为信号，信号持续的时间就是每件事用去的时间。我们先把这三件事归纳成表4.1。

表4.1　某初中生早晨的时间安排

事件顺序	开始时刻	结束时刻	耗时	时序描述
起床	6：20	6：20	0	周期开始
洗漱	6：20	6：35	15min	仅信号A有效
吃早餐	6：35	7：00	25min	仅信号B有效
坐校车上学	7：00	7：30	30min	仅信号C有效
到达学校	7：30	7：30	0	周期结束

根据以上分析及表4.1就容易给出下面的时序图（图4.1）。

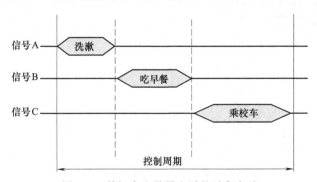

图4.1　某初中生早晨生活的时序表示

通过上面的例子，可以对时序的概念给予说明：所谓时序就是CPU总线信号在时间上的顺序关系。CPU控制器实际上是一个复杂的同步时序电路，所有的工作都是在时钟信号的控制下进行。每执行一条指令，CPU 控制器都要发出一系列特定的控制信号，这些控制信号在时间上的相互关系就是 CPU 的时序。

单片机时序是指单片机执行指令时应发出的控制信号的时间序列。这些控制信号在时间上的相互关系就是 CPU 的时序。它是一系列具有时间顺序的脉冲信号。从功能上分类，时序包括取指令和执行指令两个阶段。

CPU 发出的时序有两类：一类用于片内各功能部件的控制，它们是芯片设计师关注的问题，对用户没有什么意义；另一类用于片外存储器或外部芯片的 I/O 端口的控制，需要通过器件的控制引脚送到片外，这部分时序对分析硬件电路的原理至关重要，也是软件编程遵循的原则，需要认真掌握。

操作时序永远是使用任何一种 IC 芯片的最主要的内容。一片芯片的所有使用细节都包含在它的官方器件手册上。在使用器件的时候，首先做好的就是认真阅读器件手册（Datasheet），掌握其工作时序。

时序指明了单片机内部与外部相互联系必须遵守的规律，是单片机系统中非常重要的概念。单片机中，与时序有关的定时单位有时钟周期、机器周期和指令周期。

4.1.1 时钟周期、机器周期和指令周期

（1）时钟周期

时钟周期 T_{OSC} 又称为振荡周期，由单片机片内振荡电路 OSC 产生，常定义为时钟脉冲频率的倒数，是时序中最小的时间单位。例如，若某单片机时钟频率为 1MHz，则它的时钟周期 T_{OSC} 应为 $1\mu s$。由于时钟脉冲是计算机的基本工作脉冲，它控制着计算机的工作节奏，使计算机的每一步工作都统一到它的步调上来。显然，对同一种机型的计算机，时钟频率越高，计算机的工作速度就越快。但是，由于不同的计算机硬件电路和器件的不完全相同，所以它们需要的时钟周期频率范围也不一定相同。8051 单片机的时钟范围是 1.2～12MHz，一般取 12MHz。

（2）机器周期

在计算机内部，为了便于管理，通常把一条指令的执行过程划分为若干个阶段，每一阶段完成一项工作。例如，取指令、存储器读、存储器写等，每一项工作称为一个基本操作。完成一个基本操作所需要的时间称为机器周期。一般情况下，一个机器周期由若干个时钟周期组成。MCS-51 系列单片机的机器周期规定由 12 个时钟周期 T_{OSC} 组成，分为 6 个状态（S1～S6），每个状态又分为 P1 和 P2 两拍。因此，一个机器周期中的 12 个振荡周期可以表示为 S1P1、S1P2、S2P1、S2P2、…、S6P2。

（3）指令周期

指令周期是执行一条指令所需要的时间，一般由若干个机器周期组成。指令不同，所需的机器周期数也不同。对于一些简单的单字节指令，在取指令周期中，指令取出到指令寄存器后，立即译码执行，不再需要其他的机器周期。对于一些比较复杂的指令，例如转移指令、乘法指令，则需要两个或者两个以上的机器周期。

4.1.2 8051 单片机指令的取指时序

8051 单片机通常可以分为 1 周期指令、2 周期指令和 4 周期指令三种。4 周期指令只有

乘法和除法指令两条，其余均为 1 周期和 2 周期指令。

8051 单片机指令系统中，按指令的长度可分为单字节指令、双字节指令和三字节指令。执行这些指令需要的时间是不同的，也就是它们所需的机器周期是不同的，概括起来有以下几种情况：单字节单机器周期指令、单字节双机器周期指令、双字节单机器周期指令、双字节双机器周期指令、三字节双机器周期指令、单字节四机器周期指令。图 4.2 为 8051 单片机指令的取指时序。

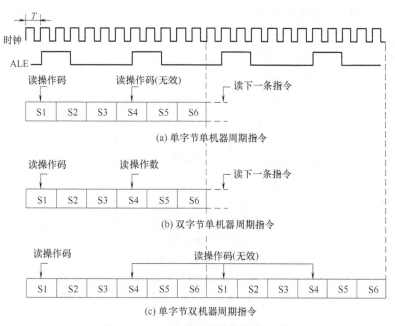

图 4.2　8051 单片机指令的取指时序

图 4.2 中 ALE 脉冲是为了锁存地址的选通信号，每出现一次，单片机即进行一次读指令操作。从图 4.2 中可看出，该信号是时钟频率 6 分频后得到，在一个机器周期中，ALE信号两次有效，第一次在 S1P2 和 S2P1 期间，第二次在 S4P2 和 S5P1 期间。下面简要说明其中几个典型指令的时序。

（1）单字节单机器周期指令

单字节单机器周期指令只进行一次读指令操作，当第二个 ALE 信号有效时，PC 并不加 1，那么读出的还是原指令，属于一次无效的读操作。

（2）双字节单机器周期指令

这类指令两次的 ALE 信号都是有效的，只是第一个 ALE 信号有效时读的是操作码，第二个 ALE 信号有效时读的是操作数。

（3）单字节双机器周期指令

两个机器周期需进行四次读指令操作，但只有一次读操作是有效的，后三次的读操作均为无效操作。

单字节双机器周期指令有一种特殊的情况，如 MOVX 这类指令，执行这类指令时，先在 ROM 中读取指令，然后对外部数据存储器进行读或写操作。第一个机器周期的第一次读指令操作码为有效，而第二次读指令操作码为无效的。在第二个指令周期时，则访问外部RAM，这时，ALE 信号对其操作无影响，即不会再有读指令操作码动作。

4.1.3 访问外部存储器的指令时序

8051 单片机有两类专门用于访问片外存储器的指令：一类是读片外 ROM 指令；另一类是访问片外 RAM 指令。这两类指令执行时所产生的时序除涉及 ALE 引脚外，还和 $\overline{PSEN}$、P0、P2、$\overline{RD}$ 和 $\overline{WR}$ 引脚上的信号有关。

（1）读片外 ROM 指令时序

图 4.3 为读片外 ROM 指令时序。从图 4.3 中可以看出，P0 口提供低 8 位地址，P2 口提供高 8 位地址，S2 结束前，P0 口上的低 8 位地址是有效的，之后出现在 P0 口上的就不再是低 8 位地址信号，而是指令码信号，当然地址信号与指令码信号之间有一段缓冲的过渡时间，这就要求，在 S2 期间必须把低 8 位的地址信号锁存起来，这时是用 ALE 选通脉冲去控制锁存器，把低 8 位地址予以锁存，而 P2 口只输出地址信号，整个机器周期地址信号都是有效的，因而无须锁存这一地址信号。从外部程序存储器读取指令，必须由两个信号进行控制，除了上述的 ALE 信号，还有一个 $\overline{PSEN}$（片外 ROM 读选通脉冲），由图 4.3 可以看出，$\overline{PSEN}$ 从 S3P1 开始有效，直到将地址信号送出，并且外部程序存储器的指令读入 CPU 后才失效。

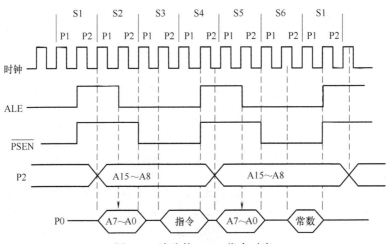

图 4.3 读片外 ROM 指令时序

（2）读片外 RAM 指令时序

CPU 对片外 RAM 的读/写操作，属于指令的执行周期，值得一提的是，读/写是两个不同的机器周期，但它们的时序却是相似的，这里只对 RAM 的读时序进行分析。图 4.4 为读片外 RAM 指令时序。

从图 4.4 可以看出，第一机器周期是取指阶段，是从 ROM 中读取指令码，接着的第二机器周期才开始读取外部 RAM 中的数据。在第一机器周期 S4 结束后，先把需要读取 RAM 的地址放到总线上，包括 P0 口上的低 8 位地址 A0～A7 和 P2 口上的高 8 位地址 A8～A15。当 $\overline{RD}$ 选通脉冲有效时，将 RAM 的数据通过 P0 口数据总线读进 CPU。第二机器周期的 ALE 信号仍然出现，进行一次片外 ROM 的读操作，但是这一次的读操作属于无效操作。

对片外 RAM 进行写操作时，CPU 输出的则是 $\overline{WR}$（写选通信号），将数据通过 P0 口数据总线写入片外 RAM 中。

前面介绍了单片机的时序，下面总结一下看时序图时需要注意的问题。

① 注意时间轴，从左往右的方向为时间正方向，即时间的增长方向。

② 时序图最左边一般是某一个引脚的标识，表示此行的信号变化体现了该引脚上电平的变化，图 4.4 分别标明了 ALE、$\overline{PSEN}$、$\overline{RD}$、P0 及 P2 引脚上信号的时序变化情况。

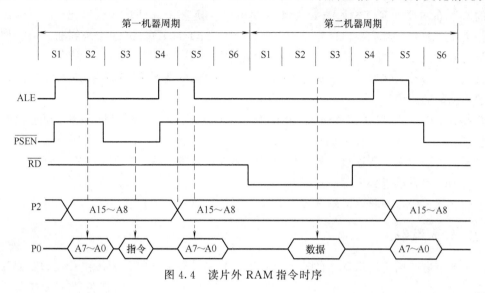

图 4.4　读片外 RAM 指令时序

4.2 ● 常见输入电路设计

我们在第 3 章介绍了 8051 单片机的 4 个输入/输出口的结构，虽然这 4 个输入/输出端口的结构有些不同，但就输入功能来看，这 4 个输入/输出端口的结构相近。每个输入口都是通过一个三态的寄存器（缓冲器）连接到 CPU 内部的数据总线，下面以 P0 口为例进行讲解，见图 4.5。

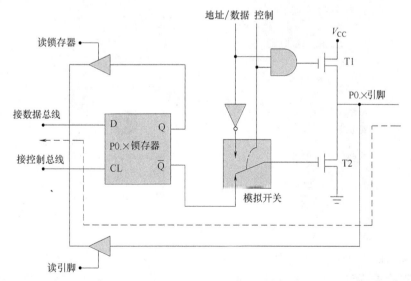

图 4.5　P0 口的位输入结构

在实现输入功能时，输出端的 T1、T2 两个 FET 必须呈开路状态才不会影响输入状态。

而进行一般数据的输入/输出时，T1 就是高阻抗状态（可看作开路）。若要 T2 也呈高阻抗状态，其栅极必须为低电平，而其栅极连接多转换开关，再连接到锁存器的 $\overline{Q}$，若要让锁存器的 $\overline{Q}$ 为低电平，则其输入端 D 必须为高电平。换言之，只要该位输出 1，则内部数据总线位为 1，锁存器的输入端 D 为 1，其输出 Q=1、$\overline{Q}$=0，并由 Q 回送到输入端，使该锁存器保持 Q 状态，而当 $\overline{Q}$=0 时，T2 将呈高阻抗状态。

这也就是为什么在输入之前，必须送"1"到该输入/输出端口，将该输入/输出端口设计成输入功能的原因。

若没有事先将"1"送到该输入/输出端口，则 Q2 可能不是高阻抗状态，可能会影响输入的状态。

当要输入该位引脚所连接的外部数据时，输入指令将使内部"读引脚"线变为 1，外部数据才会通过寄存器送到内部数据总线。

下面介绍人们接触较多的输入设备，包括电子电路常用的按钮开关、闸刀开关等。

4.2.1 输入设备

对于数字电路而言，最基本的输入设备就是开关。开关可以分为按钮开关和闸刀开关。

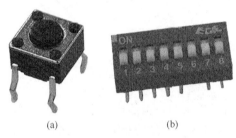

(a)   (b)

图 4.6　按钮开关和闸刀开关

按钮开关（button）的特色就是具有自动恢复（弹回）的功能。当按下按钮，其中的触点接通（或切断），放开按钮后，触点恢复为切断（或接通）。在电子电路中，最典型的按钮开关就是轻触开关（tack switch），如图 4.6（a）所示。

按照尺寸区分，电子电路或微型计算机电路所使用的 tack switch 可分为 8mm、10mm、12mm 等。虽然 tack switch 有 4 个引脚，但实际上，其内部只有一对触点，如图 4.7 所示。上面两个引脚是内部连通的，而下面两个引脚也是内部连通的，上、下之间则为一对触点。

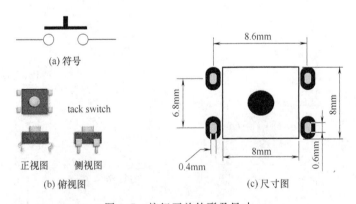

(a)符号

tack switch

正视图　　侧视图

(b)俯视图

8.6mm

6.8mm

8mm

8mm

0.4mm

0.6mm

(c)尺寸图

图 4.7　按钮开关外形及尺寸

闸刀开关（knife switch）具有保持功能，也就是不会自动复位（弹回）。当我们按一下开关（或切换开关）时，其中的触点接通（或切断），若要恢复触点状态，则需再按一下开关（或切换开关）。在电子电路中，最典型的闸刀开关就是指拨开关（DIP switch），如图 4.6（b）所示。

根据指拨开关的开关数量，可分为 2P、4P、8P 等。2P 指拨开关内部有独立的两个开关，4P 指拨开关内部有独立的 4 个开关，依此类推。通常会在 DIP switch 上标示记号或"ON"，若将开关拨到记号或"ON"的一边，则触点接通（on）；反之，拨到另一边，则为不通（off）。

根据其切换方式的不同，指拨开关可分为下列两种类型：开关型和数字型。

开关型指拨开关，外形如图 4.8 所示，上下按钮式切换，在数字上下方各有一个按钮，上按减一，下按加一。

数字型指拨开关，尺寸及外形如图 4.9 所示。数字型指拨开关通过旁边的转盘切换。在数字旁边有一个转盘，直接旋转转盘，即可显示操作的数字。

图 4.8 按钮式开关型指拨开关

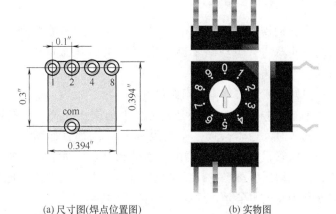

(a) 尺寸图(焊点位置图)　　(b) 实物图

图 4.9 转盘式数字型指拨开关

数字型指拨开关的原理见图 4.10，图 4.10（a）为四位数字型指拨开关，图 4.10（b）为每个位的电路原理。由此可见，每一个数字位以 BCD 码的形式输出二进制数，输出数字与 BCD 码的四个引脚（bit）的对应关系见表 4.2。图 4.10（a）的千位显示"2"，其 BCD 码为"0010B"，则千位所对应的 4 个引脚输出分别为 OFF、OFF、ON 和 OFF，以此类推，同样可以输出百（0）、十（0）和个（8）位的 BCD 码。

(a) 外观

(b) 内部结构

图 4.10 数字型指拨开关原理

表 4.2 数字型指拨开关输入输出关系

类型	数字	8 输出端	4 输出端	2 输出端	1 输出端
BCD	0	OFF	OFF	OFF	OFF
	1	OFF	OFF	OFF	ON
	2	OFF	OFF	ON	OFF
	3	OFF	OFF	ON	ON
	4	OFF	ON	OFF	OFF
	5	OFF	ON	OFF	ON

类型	数字	8 输出端	4 输出端	2 输出端	1 输出端
BCD	6	OFF	ON	ON	OFF
	7	OFF	ON	ON	ON
	8	ON	OFF	OFF	OFF
	9	ON	OFF	OFF	ON

对于电路板的状态设置不经常切换开关状态的场合，也常用跳线（jumper）来代替，也就是在电路板上放置两个引脚的插针，然后用跳线帽（短路环）作为接通的部件。

4.2.2　输入电路设计

当我们需要设计输入电路时，一定要把握的原则是不能有不确定的状态。所以，输入端不可悬空，悬空除了会产生不确定的状态以外，还可能引入噪声，使电路产生错误的操作。

（1）按钮开关的输入电路设计

不管是 tack switch 还是其他类型的按钮开关，若要将它作为电子电路或微型计算机电路的输入时，通常会接一个电阻到 V_{CC} 或地，如图 4.11（a）所示。平时按钮开关（PB）为开路状态，其中 $10k\Omega$ 的电阻连接到 V_{CC}，使输入引脚上保持为高电平信号；若按下按钮开关，则输入引脚经过开关接地，输入引脚上将变为低电平信号；放开开关时，输入引脚上将恢复为高电平信号，这样可产生一个负脉冲。

如图 4.11（b）所示，平时按钮开关为开路状态，其中 470Ω 的电阻接地，使输入引脚上保持为低电平信号；若按下按钮开关，则输入引脚经过开关接 V_{CC}，输入引脚上将变为高电平信号；放开开关时，输入引脚上将恢复为低电平信号，这样将产生一个正脉冲。

（2）闸刀开关的输入电路设计

不管是 DIP switch 还是其他类型的闸刀开关，若要将其作为电子电路或微型计算机电路的输入时，通常会通过一个电阻接到 V_{CC} 或地，如图 4.12 所示。

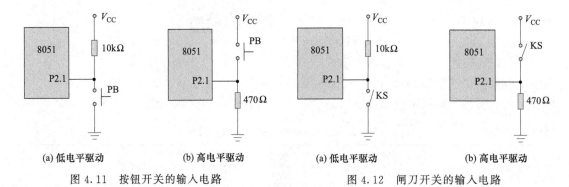

图 4.11　按钮开关的输入电路　　　　　图 4.12　闸刀开关的输入电路

如图 4.12（a）所示，若开关（KS）为 off 状态，输入引脚经 $10k\Omega$ 的电阻连接到 V_{CC}，使输入引脚上保持为高电平信号；若将开关切换到 on 状态，则输入引脚经过开关接地，输入引脚上将变为低电平，这样将根据需要产生不同的电平信号。

如图 4.12（b）所示，若开关为 off 状态，输入引脚经 470Ω 的电阻接地，使输入引脚上保持为低电平；若将开关切换到 on 状态，则输入引脚经过开关接 V_{CC}，输入引脚上将变为高电平，这样将根据需要产生不同的电平信号。

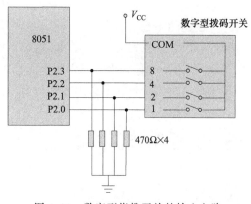

通常闸刀开关用于产生电平触发的场合，而按钮开关用于产生边沿触发的场合。

（3）数字型指拨开关的输入电路设计

每片数字型指拨开关都有 5 个接点，分别是 COM、8、4、2、1，通常是把 COM 连接到 V_{CC}，而其他接点分别通过一个 470Ω 的电阻接地。

图 4.13　数字型指拨开关的输入电路

若要把数字型指拨开关与 8051 单片机连接，则把图中的 8、4、2、1 端直接并接于输入口即可，其中 8 端是 MSB、1 端是 LSB，以连接 P2 端口为例，如图 4.13 所示。

4.2.3　抖动与防抖动

无论是按钮开关还是闸刀开关，在操作时，信号的变化并不那么理想。实际上，开关操作时会有很多不确定的情况，也就是噪声。在此简要介绍开关操作的实际情况以及防止不确定状况的对策。

在前面所介绍的输入电路中，开关的操作如果是理想的状态，如图 4.14 中粗实线所示的波形。但如果仔细分析开关的真实操作，就可以发现许多非预期的状况，如图中锯齿状线所示的波形。这种非预期的状况称为抖动（bouncer），而这种忽高忽低，忽而非高非低，就是输入噪声。

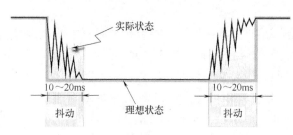

图 4.14　数字型指拨开关操作

接下来介绍防抖动的方法。无论如何，利用硬件来抑制抖动的噪声，一定会增加电路的复杂性与成本。其实只要在软件上想办法，避开产生抖动的 10～20ms，即可达到防抖动的效果。

只要在读入输入信号的第一个状态时，执行 10～20ms 的延迟子程序（通常是 20ms）即可。设单片机系统的时钟频率为 12MHz，则系统时钟周期为 $T=1/12\mu s$，因此 1 个机器周期为 $1\mu s$。下面给出能够延时 20ms 的程序，延时时间的计算如下：

$$T=(1+2\times249+2)\times40+1+2=20043(\mu s)=20.043(ms)$$

```
                ORG 1000H
DELAY20ms：      MOV R6,＃40        ;1 个机器周期
DEL2：           MOV R7,＃249       ;1 个机器周期
                DJNZ R7,$         ;2 个机器周期
                DJNZ R6,DEL2      ;2 个机器周期
                RET              ;2 个机器周期
```

如图 4.14 所示，以产生负脉冲的按钮开关为例，当按下按钮时，8051 单片机检测到第

一个低电平信号时，调用 DELAY20ms 子程序以延迟 20ms，这段时间程序不工作，以避开按钮开关引起的不稳定状态。20ms 以后，程序开始执行按下按钮开关所对应的任务。

同样，当放开按钮时，8051 单片机检测到第一个高电平信号，随即调用 DELAY20ms 子程序以延迟 20ms，这段时间程序不工作，以避开按钮开关引起的不稳定的状态。20ms 以后，程序再执行放松按钮开关所对应的任务。

4.3 ● 控制转移指令

控制转移指令主要以改变程序计数器（PC）中的内容为目的，来控制程序的执行流向，通常用于实现循环结构和分支结构。这类指令共有 22 条，包括无条件转移指令、条件转移指令、子程序调用和返回指令、比较转移指令、减 1 转移指令、空操作指令 6 大类。

4.3.1 无条件转移指令

无条件转移指令是指当执行该指令后，程序将无条件地转移到指令指定的地方去执行特定功能的程序。无条件转移指令包括长转移指令、绝对转移指令、相对转移指令和变址寻址转移指令共 4 条。

```
LJMP  addr16    ;PC←addr16
AJMP  addr11    ;PC←PC+2,PC10~PC0←addr11
SJMP  rel       ;PC←PC+2+rel
JMP   @A+DPTR   ;PC←A+DPTR
```

① 第一条指令称为长转移指令，操作数为 16 位目标地址，指令执行时直接将该地址送给程序计数器（PC），程序无条件地跳转到 16 位目标地址指明的单元，开始执行程序代码。因为指令所提供的是 16 位目标地址，所以能够转移的目标地址范围为 0000H～FFFFH。

② 第二条指令称为绝对转移指令，操作数为目标地址的低 11 位直接地址，执行时先将程序计数器（PC）的值加 2，然后把指令中的 11 位地址 add11 送给 PC 的低 11 位，而 PC 的高 5 位不变，执行该指令后程序跳转到 PC 指针指向的新地址开始执行程序代码。

由于 11 位地址 addr11 的范围是 00000000000B～11111111111B，即 2KB 范围，而目的地址的高 5 位不变，所以程序跳转的目标地址只能和当前 PC 位置（AJMP 指令地址加 2）在同一个 2KB 的范围内。转移可以向前也可以向后，指令执行后不影响 PSW 中的标志位。

【例 4.1】 已知 LOOP=3000H，试分析以下指令执行后，PC 的值是多少？

LOOP:AJMP 123H

解 指令 PC 值为 3000H，PC+2=3002H，取其高 5 位与指令中 11 位地址组合成 16 位新的地址送给 PC，指令执行后 PC=3123H。具体可参考表 4.3。

表 4.3　绝对转移指令目标地址生成方法

构成	来源	二进制形式	十六进制形式
地址高 5 位	PC 值的高 5 位地址	0011 0×××　×××× ××××	3000H
地址低 11 位	指令中 11 位地址	×××× ×001 0010 0011	123H
目标地址	程序跳转目标	0011 0001 0010 0011	3123H

③ 第三条指令称为相对转移指令，操作数 rel 是 8 位带符号补码数，执行时，先将程序计数器（PC）的值加 2，然后再将 PC 的值与指令中的位移量 rel 相加得到转移的目标地址。该指令可转移的目标范围为 $-128 \sim +127$，负数表示向后跳转，正数表示向前跳转。指令执行后的目标地址计算公式为

$$目的地址 = 本指令地址 + 2 + rel$$

【例 4.2】 已知 LOOP=0100H，L1=5AH，试分析以下指令执行后，PC 的值是多少？

LOOP: SJMP   L1

解

PC=0100H＋2＋5AH=015CH

注意：

a. 在采用编程工具软件进行编程时，上面前 3 条指令中的操作数常采用符号地址表示，汇编时自动转换成相应的地址，不需要手工计算。

b. 在单片机汇编语言程序设计时，通常在程序的末尾放置一条这样的指令：

HERE: SJMP   HERE;

习惯上写成下面形式：

HERE: SJMP $

它的机器码为 80FEH。该指令的功能是循环执行自己，宏观上表现为进入等待状态。

④ 第四条指令称为变址寻址转移指令，转移的目标地址是由数据指针寄存器（DPTR）的内容与累加器 A 中的内容相加得到的，指令执行后不会改变 DPTR 及 A 中原来的内容。该指令通常用来构造多分支转移程序，所以又称多分支转移指令。

单片机汇编语言没有专门的多分支语句，多分支结构通常用 JMP 指令来构造，累加器 A 中用来存放分支号，使用时往往与一个转移指令表配合在一起来。

【例 4.3】 根据累加器 A 的值设计多分支程序。

解 假设累加器 A 中存放一个 0～127 之间的十进制数。

汇编语言程序如下。

```
          MOV   DPTR,♯TAB      ;DPTR←TAB
          RL   A               ;A←A×2
          JMP   @A+DPTR        ;PC←A+DPTR
TAB:    AJMP    TAB0           ;若 A=0,转 TAB0
        AJMP    TAB1           ;若 A=1,转 TAB1
        AJMP    TAB2           ;若 A=2,转 TAB2
          ⋮                      ⋮
TAB0:  NOP                    ;标号 TAB0 对应的程序代码段
          ⋮                      ⋮
TAB1:  NOP                    ;标号 TAB1 对应的程序代码段
          ⋮                      ⋮
TAB2:  NOP                    ;标号 TAB2 对应的程序代码段
          ⋮                      ⋮
```

由于 AJMP 是双字节指令，所以 A 中的内容必须是偶数。当 A=0，散转到 TAB0；当 A=1，散转到 TAB1；当 A=2，散转到 TAB2。

C51 语言程序如下。

```
#include "reg52. h"

void Func0() {  }   //与第一个分支对应的程序(函数),具体内容省略
void Func1() {  }   //与第二个分支对应的程序(函数),具体内容省略
void Func2() {  }   //与第三个分支对应的程序(函数),具体内容省略
void Func3() {  }   //与第四个分支对应的程序(函数),具体内容省略
void FuncEnter(unsigned char FuncID)
{
  switch (FuncID) {
    case 0: Func0();  break;   //与第一个分支对应的程序入口(函数)
    case 1: Func1();  break;   //与第二个分支对应的程序入口(函数)
    case 2: Func2();  break;   //与第三个分支对应的程序入口(函数)
    case 3: Func3();  break;   //与第四个分支对应的程序入口(函数)
    default:          break; }
  }
void main(   )
{
  while(1){
          FuncEnter(ACC);
          }
}
```

4.3.2 条件转移指令

条件转移指令是指当条件满足时,程序才转移;若条件不满足,程序不跳转而继续执行。条件可以是进位位 Cy、可位寻址的某个位或 ACC 的状态等。条件转移指令都是相对转移,只能在$-128 \sim +127$ 范围内转移。

(1) 以 Cy 中内容为条件的转移指令

$$JC \quad rel \qquad ;若 Cy=1, 则 PC \leftarrow PC+2+rel$$
$$\qquad\qquad\qquad ;若 Cy=0, 则 PC \leftarrow PC+2$$
$$JNC \quad rel \qquad ;若 Cy=0, 则 PC \leftarrow PC+2+rel$$
$$\qquad\qquad\qquad ;若 Cy=1, 则 PC \leftarrow PC+2$$

第一条指令执行时,CPU 通过判断 Cy 的值确定程序走向。若 $Cy=1$,则程序发生转移;反之,则程序不转移,继续执行原程序。第二条指令执行时的情况与第一条指令正好相反。

这两条指令为相对转移指令,在程序设计中常与比较条件转移指令 CJNE 连用,以便根据 CJNE 指令执行过程中形成的 Cy 进一步决定程序的走向。

(2) 以 bit 中内容为条件的转移指令

$$JB \quad bit, rel \qquad ;若 (bit)=1, 则 PC \leftarrow PC+3+rel$$

```
                  ;若(bit)=0,则 PC←PC+3
    JNB   bit,rel  ;若(bit)=0,则 PC←PC+3+rel
                  ;若(bit)=1,则 PC←PC+3
    JBC   bit,rel  ;若(bit)=1,则 PC←PC+3+rel 且 bit←0
                  ;若(bit)=0,则 PC←PC+3
```

这 3 条指令是根据位地址 bit 中的内容来决定程序的走向。其中，第一条指令和第三条指令的作用相同，只是 JBC 指令执行后可以使 bit 位清零。

【例 4.4】 已知片外 RAM 地址从 0100H 开始依次存放 100 个有符号数，试统计当中正数和负数的个数，分别放于 R5 和 R6 中。

解 判断一个数是正数还是负数，只需看 8 位二进制数的最高位状态。若为 0，则为正数；若为 1，则为负数。

汇编语言程序如下。

```
        MOV   DPTR,#0100H      ;片外数据块首地址送 DPTR
        MOV   R5,#0            ;R5←0
        MOV   R6,#0            ;R6←0
        MOV   R2,#100          ;数据块长为 100
LOOP:MOVX  A,@DPTR           ;取数据
COMP:JB   ACC.7,NEGA         ;若是负数,则转 NEGA
        INC   R5              ;若是正数,则 R5←R5+1
        SJMP  NEXT
NEGA:INC   R6                ;R6←R6+1
NEXT:INC   DPTR              ;DPTR←DPTR+1
        DJNZ  R2,LOOP
DONE:RET
```

C51 语言程序如下。

```c
#include "reg52.h"
#include "absacc.h"
unsigned int data R5_at_0x0d;     //指明寄存器 R5 的物理地址
unsigned int data R6_at_0x0e;     //指明寄存器 R6 的物理地址
xdata unsigned char Buffer1[100]_at_0x0100;
void main(   )
{
  signed char xdata *ptr1;
  unsigned int index;
  R5=0;                          //正数个数清零
  R6=0;                          //负数个数清零
  for (index=0;index<=100;index++)
    {
      ptr1=&Buffer1[index];  //取数
      if (*ptr1>0) R5++;     //正数个数加一
```

```
            if (*ptr1<0) R6++;    //负数个数加一
        }
}
```

（3）累加器 A 判零转移指令

JZ   rel ;若 A=0,则 PC←PC+2+rel;若 A≠0,则 PC←PC+2

JNZ   rel ;若 A≠0,则 PC←PC+2+rel;若 A=0,则 PC←PC+2

第一条指令的功能是，如果累加器 A=0，则转移；否则，不转移。

第二条指令正好和第一条指令功能相反，若累加器 A≠0，则转移；否则，继续执行原程序。

这两条指令都是双字节相对转移指令，rel 为相对地址偏移量。rel 在程序中常用标号替代，翻译成机器码时才换算成 8 位相对地址 rel。换算方法和转移地址范围均与无条件转移指令中的短转移指令（SJMP）相同。

【例 4.5】 将片外 RAM 地址为 1000H 开始的数据块传送到片内 RAM 地址为 40H 开始的位置，直到片外 RAM 单元出现零为止。

解 片内 RAM 和片外 RAM 中数据传送需要用累加器 A 进行中转。每次传送 1 个字节，通过循环处理，直到发现要传送的单元内容等于 0 结束，循环可用累加器 A 判 0 转移指令实现。

汇编语言程序如下。

```
            MOV    DPTR,#1000H      ;DPTR←1000H
            MOV    R1,#40H          ;R1←40H
    LOOP:   MOVX   A,@DPTR          ;A←(DPTR)
            MOV    @R1,A            ;(R1)←A
            INC    DPTR             ;DPTR←DPTR+1
            INC    R1               ;R1←R1+1
            JNZ    LOOP             ;若 A≠0,则转 LOOP
            SJMP   $                ;动态停机
```

C51 语言程序如下。

```
#include "reg52.h"
xdata unsigned char Buffer1[256]_at_0x1000;
void main( )
{
    unsigned char xdata *ptr1;
    unsigned char data *ptr2;      //定义指针变量
    ptr1=&Buffer1;
    ptr2=0x40;                     //给指针变量赋值,40H 为 8051 单片机片内 RAM 地址
    while(*ptr1) {
                *ptr2++=*ptr1++;   //传送变量
            }
}
```

4.3.3 子程序调用和返回指令

为了减少编写和调试程序的工作量，使程序的结构清晰，减少重复指令的存储空间，常

常把具有完整功能的程序段定义为子程序，供主程序及其他程序在需要时调用。主程序可以多次调用子程序。接下来就介绍子程序调用和返回指令。

为了实现主程序对子程序的一次完整调用，主程序应该能在需要时通过调用指令自动转入子程序执行，子程序执行完成后能通过返回指令自动返回调用指令的下一条指令（该指令的地址称为断点地址）执行。因此，调用指令是在主程序需要调用子程序时使用的，返回指令则需要放在子程序末尾。调用指令能自动将程序的断点地址保存起来，存放在堆栈中。子程序返回指令能自动从堆栈中将断点地址取出送给 PC，继续执行主程序。

图 4.15（a）是一个两层嵌套的子程序调用，图 4.15（b）为堆栈中断点地址存放的情况。主程序执行到调用子程序 1 时，断点地址 1 被压入堆栈保护（先压入低 8 位，再压入高 8 位），转去执行子程序 1，在执行子程序 1 过程中调用子程序 2 时，断点地址 2 被压入堆栈保护，转去执行子程序 2。执行到子程序 2 的返回指令时，从堆栈中取出断点地址 2，从而返回继续执行子程序 1，当执行到子程序 1 的返回指令时，从堆栈中取出断点地址 1，返回主程序继续执行，此时 SP 指向堆栈的栈底地址（即堆栈已空）。

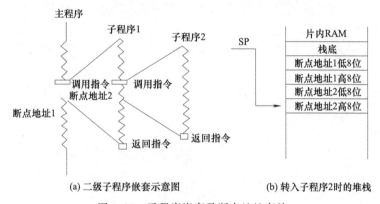

(a) 二级子程序嵌套示意图　　(b) 转入子程序2时的堆栈

图 4.15　子程序嵌套及断点地址存放

（1）调用指令

```
LCALL    addr16   ;PC←PC＋3
                  ;SP←SP＋1,(SP)←PC7～PC0
                  ;SP←SP＋1,(SP)←PC15～PC8
                  ;PC←addr16
ACALL    addr11   ;PC←PC＋2
                  ;SP←SP＋1,(SP)←PC7～PC0
                  ;SP←SP＋1,(SP)←PC15～PC8
                  ;PC10～PC0←addr11
```

第一条指令为长调用指令，指令执行时，先将 PC 的值加 3 后得到断点地址压入堆栈，然后把指令中 addr16 送入 PC，转入子程序执行。

第二条指令为绝对调用指令，指令执行过程与 LCALL 指令类似，先将当前 PC 的值加 2 后得到断点地址压入堆栈，然后把指令中 addr11 送入 PC 低 11 位，而 PC 的高 5 位不变，这样就生成一个新的目标地址，CPU 跳转至该地址执行子程序。

需要注意：

① 绝对调用指令可实现在 2KB 地址范围内转移，跳转的目标地址与 ACALL 指令的下

一条指令必须在同一个 2KB 范围内。

② 对于两条子程序调用指令 LCALL 和 ACALL，在编写汇编程序时，指令后面的操作数常用标号地址（子程序名）表示。

（2）返回指令

```
RET      ;PC15～PC8←(SP),SP←SP－1
         ;PC7～PC0←(SP),SP←SP－1
RETI     ;PC15～PC8←(SP),SP←SP－1
         ;PC7～PC0←(SP),SP←SP－1
```

这两条指令的功能完全相同，都是把堆栈中的断点地址恢复到程序计数器（PC）中，从而使单片机返回断点地址处，继续执行原来的程序。

需要注意：

① RET 为子程序返回指令，只能用在子程序末尾。

② RETI 为中断返回指令，只能用在中断服务程序末尾。机器执行 RETI 指令以后，首先返回原程序的断点地址处执行，其次清除相应中断优先级状态位，以允许单片机响应低优先级的中断请求。

【例 4.6】 试利用子程序技术编写程序实现给存储器中若干个数据块置 1（将 1 写入存储单元）。

解 假设片内 RAM 中有两个数据块，地址范围分别为 20H～2FH 和 30II～3FH，通过程序将 1 写入两个数据块。

汇编语言程序如下。

```
        ORG    0000H        ;主程序从存储器的首地址开始存放
        MOV    SP,♯50H       ;SP←50H
        MOV    R0,♯20H       ;R0←20H
        MOV    R2,♯16        ;R2←16
        ACALL  SETB1         ;调置 1 子程序
        MOV    R0,♯30H       ;R0←30H
        MOV    R2,♯16        ;R2←16
        ACALL  SETB1         ;调置 1 子程序
        SJMP   $

        ORG    0130H        ;子程序从存储器地址 130H 开始存放
SETB1：  MOV    @R0,♯01H      ;(R0)←1
        INC    R0           ;R0←R0+1
        DJNZ   R2,SETB1      ;若 R2－1≠0,则转 SETB1
        RET                 ;子程序返回
```

C51 语言程序如下。

```
♯include "reg52.h"
unsigned int index;
unsigned int num;
unsigned char data *ptr;
```

```
void set(unsigned int first,unsigned int num)        //置 1 函数
{
ptr=first;                                           //起始地址
for (index=0;index <=num;index++)                    // num 为单元个数
    {
     *ptr++=1;                                        //置 1,地址加一
    }
}
void main()
{
  set(0x20,16);              //从起始地址为 20H 开始,16 个单元置 1
  set(0x30,16);              //从起始地址为 30H 开始,16 个单元置 1
}
```

4.3.4　比较转移指令

比较转移指令用于对两个数作比较,并根据比较情况进行转移,比较转移指令有 4 条。

CJNE　A,♯data,rel　　;若 A=data,则 PC←PC+3
　　　　　　　　　　　　;若 A≠data,则 PC←PC+3+rel
　　　　　　　　　　　　;形成 Cy 标志

CJNE　A,direct,rel　　;若 A=(direct),则 PC←PC+3
　　　　　　　　　　　　;若 A≠(direct),则 PC←PC+3+rel
　　　　　　　　　　　　;形成 Cy 标志

CJNE　Rn,♯data,rel　　;若 Rn=data,则 PC←PC+3
　　　　　　　　　　　　;若 Rn≠data,则 PC←PC+3+rel
　　　　　　　　　　　　;形成 Cy 标志

CJNE　@Ri,♯data,rel　　;若(Ri)=data,则 PC←PC+3
　　　　　　　　　　　　;若(Ri)≠data,则 PC←PC+3+rel
　　　　　　　　　　　　;形成 Cy 标志

第一条指令执行时,单片机先把累加器 A 的值和立即数 data 进行比较。

若两者相等,则程序不发生转移,继续执行原程序,Cy 标志也为零。

若两者不等,则程序发生转移,并且机器根据累加器 A 的值和立即数 data 的大小形成 Cy 标志位状态。形成 Cy 标志位的方法:

若累加器 A 中的内容大于等于立即数 data,则表示累加器 A 中的内容减去立即数 data 时不需借位,故 Cy=0;

若累加器 A 中的内容小于立即数 data,则表示累加器 A 中的内容减去立即数 data 时需要借位,故 Cy=1。

其余三条指令功能与第一条指令类似,只是相比较的两个源操作数不相同而已。

4.3.5　减 1 转移指令

运行该指令时先进行减 1 运算,并保存结果再判断,若运算结果不为零,则转移。指令

有两条：

  DJNZ Rn，rel   ;若 Rn－1＝0,则 PC←PC＋2

             ;若 Rn－1≠0,则 PC←PC＋2＋rel

  DJNZ direct，rel   ;若(direct)－1＝0,则 PC←PC＋3

             ;若(direct)－1≠0,则 PC←PC＋3＋rel

  第一条指令执行时，先把 Rn 中的内容减 1，然后判断 Rn 中的内容是否为零。

  若 Rn 的值不为零，则程序发生转移。

  若 Rn 的值为零，则程序继续执行。

  第二条指令功能与第一条指令类似，只是被减 1 的操作数在 direct 中。

  在 8051 单片机中常用 DJNZ 指令来构造循环结构，用通用寄存器 Rn 作循环变量来记录循环的次数，实现重复处理。

  【例 4.7】 统计片外 RAM 中地址从 2000H 单元开始的 100 个单元中 0 的个数 N，并将 N 存放于通用寄存器 R7 中。

  解 用寄存器 R2 做循环变量，初值为 100；用寄存器 R7 做计数器，初值为 0；用 DPTR 做数据指针访问片外 RAM 单元，用 DJNZ 指令进行循环控制。

  汇编语言程序如下。

```
          MOV     DPTR,♯2000H     ;DPTR←2000H
          MOV     R2,♯100         ;R2←100
          MOV     R7,♯0           ;R7←0
LOOP:     MOVX    A,@DPTR         ;A←(DPTR)
          CJNE    A,♯00,NEXT      ;若 A≠0,则转 NEXT
          INC     R7              ;R7←R7＋1  (R7←N)
NEXT:     INC     DPTR            ;DPTR←DPTR＋1
          DJNZ    R2, LOOP        ;若 R2－1≠0,则转 LOOP
          SJMP    $               ;动态停机
```

C51 语言程序如下。

```
♯include "reg52. h"
xdata unsigned char Buffer1[100]_at_0x2000;
unsigned int data R7_at_0x0f;        //指明寄存器 R7 的物理地址
void main(   )
{
  unsigned int index;
  unsigned char xdata *ptr1;
  ptr1=&Buffer1;
  R7=0;                           //R7 统计个数清零
  for (index=0;index ≤=99;index++)
  {
    ptr1=&Buffer1[index];        //指向存储单元
    if(*ptr1==0)   R7++;         //单元值为零,R7 计数加一
  }
}
```

4.3.6 空操作指令

空操作指令是只消耗时间,不做任何动作的指令。

NOP　　　　;PC←PC+1

这条空操作指令是一个单字节单周期控制指令,执行时仅使程序计数器 PC 的值加 1,共消耗 1 个机器周期的时间,故常用于需要短暂延时的场合。当然也可以连续多次使用,延时时间为机器周期的整数倍。

4.4 ⬭ 输入接口电路应用

(1)指拨开关应用

【例 4.8】　已知单片机指拨开关应用电路如图 4.16 所示。编写程序实现以下功能:根据开关的状态控制 LED 的点亮和熄灭。

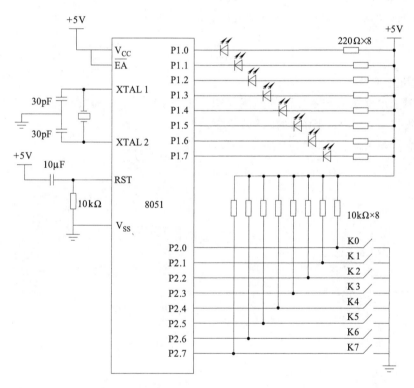

图 4.16　单片机指拨开关应用电路

解　由硬件图可知,开关闭合,输入口引脚为低电平,对应输出口为低电平时 LED 点亮;开关断开,输入口引脚为高电平,对应输出口为高电平时 LED 熄灭。

汇编语言程序如下。

```
        ORG  0100H        ;程序从存储器地址 100H 开始存放
START:  MOV  P2,#0FFH     ;设 P2 口为输入口
LOOP:   MOV  A,P2         ;A←P2,读开关状态送 A
```

```
        NOP                    ;延时,总线稳定
        MOV   P1, A            ;开关状态送 P1 口,驱动 LED 显示
        NOP                    ;延时,等待总线稳定
        SJMP  LOOP             ;程序跳转到 LOOP
        END
```

C51 语言程序如下。

```
#include "reg52.h"
void main()
{
unsigned int   key;          //保存按键的输入状态
P2=0xff;
while(1){
        key=P2;              //读入按键状态
        P1=key;              //输出状态值
        delay(10);           //延时 10ms
    }
}
```

（2）按钮开关应用

【例 4.9】 已知按钮与单片机的连接如图 4.17（a）所示，编程实现以下功能：判断按钮 PB 是否被按下，若按下则处理按钮的功能。

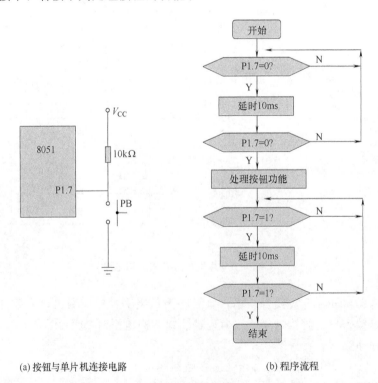

(a) 按钮与单片机连接电路　　　　　　　　　(b) 程序流程

图 4.17　按钮开关应用电路

为了判断按钮 PB 是否被按下，主要考虑按钮的抖动，所以通过延时去干扰。给出了参考流程图 4.17 (b)，根据流程图编写代码。

汇编语言程序如下。

```
               ORG   2020H            ;子程序存放地址
READ_P17：      JB P1.7,READ_P17       ;判断按钮按下
               LCALL DELAY10ms         ;延时 10ms
               JB P1.7,READ_P17       ;判断按钮按下
               ……                      ;处理按钮功能(略)
WAIT：          JNB P1.7,WAIT          ;判断按钮释放
               LCALL DELAY10ms         ;延时 10ms
               JNB P1.7,WAIT          ;判断按钮释放
               RET                     ;子程序退出

DELAY10ms：     ……                      ;延时 10ms 程序(略)
```

习题与思考题

4.1 单片机复位后，程序计数器（PC）、4 个并行 I/O 口内容是什么？

4.2 单片机时序指什么？与其有关的定时单位有哪些？怎样定义的？

4.3 已知 SP＝70H，试问 MCS-51 系列单片机执行存放在片外 ROM 的 2000H 单元开始的一条指令"LCALL 1234H"后，堆栈指针 SP 和堆栈中的内容分别是什么？当前 PC 值是多少？如果执行到 RET 指令后，PC 值是多少？

4.4 试编写满足以下条件时能跳转到不同分支的程序（设 X 为存放在片内 RAM 的 20H 单元，Y 为存放在 21H 单元）。

① 当 $A > X$ 时 $Y=1$；当 $A=X$ 时 $Y=0$；当 $A < X$ 时 $Y=0$FFH。

② 当 $A \leqslant X$ 时 $Y=1$，否则 $Y=0$FFH。

4.5 输入接口电路是指什么？它的作用是什么？

4.6 输入数据有哪几种传送方式？各有什么特点？

第5章 ▶▶
8051单片机常用外部设备应用

在单片机系统中，键盘和显示器是两个很重要的外设。键盘是一组按键的集合，它是最常用的单片机输入设备，是人机会话的一个重要输入工具，操作人员可以通过键盘输入数据、代码和命令，实现简单的人机通信。显示器是最常用的单片机输出设备，通常包括LED数码显示和LCD液晶显示，主要用于显示控制过程和运算结果。

5.1 ◐ 键盘扫描原理

键盘分为编码键盘和非编码键盘。编码键盘上闭合键的识别由专用的硬件编码器实现，并产生键编码号或键值，如计算机键盘。这种键盘使用方便，但硬件电路复杂，常不被微型计算机采用。非编码键盘依靠软件编程来识别键值，硬件电路简单，在微型计算机中得到了广泛应用。非编码键盘又分为独立式键盘和行列式（又称矩阵式）键盘。

5.1.1 键盘组成及特性

键盘是由一组按键开关组成。通常，按键所用开关为机械弹性开关，当开关闭合时，线路导通，开关断开时，线路断开。

在理想状态下，按键引脚电平的变化如图5.1（a）所示。但实际上，由于机械触点的弹性作用，一个按键开关从开始接上至接触稳定要经过数毫秒的抖动时间，抖动时间的长短与按键的机械特性有关，一般为5～10ms，在这段时间里会连续产生多个脉冲；在断开时也不会一下子断开。按键抖动电压波形如图5.1（b）所示。

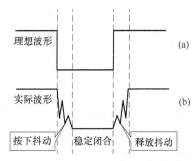

图5.1 按键被按下和释放时电压变化

5.1.2 按键的去抖动方法

在触点抖动期间检测按键的通与断状态，可能导致判断出错。即按键一次按下或释放被错误地认为是多次操作，这种情况是不允许出现的。为了克服按键触点机械抖动所致的检测误判，必须采取去抖动措施，可从硬件、软件两方面予以考虑。在键数较少时，可采用硬件去抖动，而当键数较多时，采用软件去抖动。硬件去抖动的方法在很多书籍中都有介绍，这里不再讨论。通常，单片机中常用软件去抖动。即在第一次检测到有按键被按下时，执行一段延时12～15ms（因机械按键由按下到稳定闭合的时间一般为5～10ms）的子程序后，再确认该键电平是否仍保持为闭合状态电平，如果保持为闭合状态电平，就可以确认有键按下，从而消除抖动的影响。

5.1.3 独立式键盘的原理

独立式键盘直接用 I/O 口线构成单个按键电路，其特点是每个按键单独占用一条 I/O 口线，每个按键的工作不会影响其他 I/O 口线的状态。独立式键盘的接口电路如图 5.2 所示。独立式键盘电路配置灵活，软件结构简单，但每个按键必须占用一条 I/O 口线，因此，在按键较多时，I/O 口线浪费较大，不宜采用。

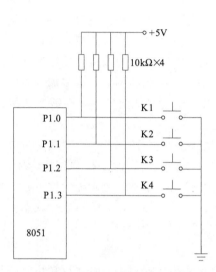

图 5.2 独立式键盘的接口电路

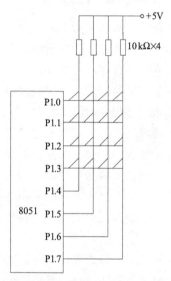

图 5.3 矩阵式键盘的接口电路

独立式键盘，一根输入线上的按键是否被按下，通过检测输入线上的电平很容易判断。图 5.2 中判断哪个按键按下的程序如下。

```
KEY_SCAN:   MOV  P1,＃0FFH      ;设置 P1 口为输入
            MOV  A,P1          ;读按键状态
            ANL  A,＃0FH       ;提取按键状态
            XRL  A,＃0FH
            JZ   NO_KEY        ;若 A＝0,则转 NO_KEY
            ACALL  DEL15ms     ;若有键按下,去抖动
            MOV  A,P1          ;再读按键状态
            ANL  A,＃0FH       ;提取按键状态
            XRL  A,＃0FH
            JZ   NO_KEY        ;若 A＝0,则转 NO_KEY
            JNB  P1.0,A0       ;若 K1 键按下,则转 A0
            JNB  P1.1,A1       ;若 K2 键按下,则转 A1
            JNB  P1.2,A2       ;若 K3 键按下,则转 A2
            JNB  P1.3,A3       ;若 K4 键按下,则转 A3
NO_KEY:     RET                ;
```

```
DEL15ms:    MOV   R7，#30          ;延时 15ms 子程序
    D1:     MOV   R6，#250
            DJNZ  R6,$
            DJNZ  R7,D1
            RET
```

上述判断独立键按下的程序中 A0～A3 表示 4 个按键分别对应的分支程序。

5.1.4　矩阵式键盘的原理

当键盘中按键数量较多时，为了减少 I/O 口线的占用，通常将按键排列成矩阵形式，如图 5.3 所示。在矩阵式键盘中，每条水平线和垂直线在交叉处不直接连通，而是通过一个按键加以连接。这样，一个并行口（如 P1 口）可以构成 4×4＝16 个按键，比用独立式键盘按键数量多出了一倍，而且线数越多，两种方式的区别就越明显。例如，再多加一条线，就可以构成 20 个键的键盘，而直接用端口线则只能多出一个键。由此可见，在需要的按键数量比较多时，采用矩阵形式来连接键盘是非常合理的。

矩阵式键盘的结构比独立式键盘复杂，识别也要复杂一些。图 5.3 中，列线通过电阻接电源，并将行线所接的单片机 4 个 I/O 口作为输出端，而列线所接的 I/O 口则作为输入端，当按键没有被按下时，所有的输出端都是高电平，行线输出高电平时表示无键按下。一旦有键按下，输出端不全为高电平，则输入线就会被拉低，这样，通过读入输入线的状态就可得知是否有键按下。

具体的识别及编程方法如下。

如何确定矩阵式键盘上任何一个键被按下呢？通常采用行扫描法或者线反转法。行扫描法又称为逐行或列扫描查询法，它是一种最常用的多按键识别方法，这里就以行扫描法为例介绍矩阵式键盘的工作原理。

（1）判断键盘中有无键按下

将全部行线置低电平，然后检测列线的状态，只要有一列的电平为低，则表示键盘中有键被按下，而且闭合的键位于低电平线与 4 根行线相交叉的 4 个按键之中；若所有列线均为高电平，则表示键盘中无键按下。

（2）判断闭合键所在的位置

在确认有键按下后，即可进入确定具体闭合键的过程。其方法是：依次将行线置为低电平，即在置某根行线为低电平时，其他线为高电平，当确定某根行线为低电平后，再逐行检测各列线的电平状态，若某列为低电平，则该列线与置为低电平的行线交叉处的按键就是闭合的按键。

以图 5.3 中矩阵式键盘为例，图中，单片机的 P1 口用作键盘 I/O 口，键盘的列线接到 P1 口的高 4 位，键盘的行线接到 P1 口的低 4 位，判断哪个键按下的程序如下。

```
START:    MOV  P1,#0F0H          ;设置 P1 高 4 位为输入,低 4 位为输出
          MOV  A,P1              ;读列线状态
          ANL  A,#0F0H           ;提取列线状态
          XRL  A,#0F0H
          JZ  NO_KEY             ;若 A=0,则转 NO_KEY
          ACALL  DEL15ms         ;若有键按下,去抖动
```

```
            MOV   A,P1                ;再读列线状态
            ANL   A,#0F0H             ;提取列线状态
            XRL   A,#0F0H
            JZ  NO_KEY                ;若 A=0,则转 NO_KEY
R_SCAN:     MOV   P1,#0FEH            ;第一行扫描
            MOV   A,P1                ;读列线状态
            ANL   A,#0F0H             ;提取列线状态
            CJNE  A,#0F0H,ROW_0       ;按键在第一行,找列
SCAN:       MOV   P1,#0FDH            ;第二行扫描
            MOV   A,P1                ;读列线状态
            ANL   A,#0F0H             ;提取列线状态
            CJNE  A,#0F0H,ROW_1       ;按键在第二行,找列
            MOV   P1,#0FBH            ;第三行扫描
            MOV   A,P1                ;读列线状态
            ANL   A,#0F0H             ;提取列线状态
            CJNE  A,#0F0H,ROW_2       ;按键在第三行,找列
            MOV   P1,#0F7H            ;第四行扫描
            MOV   A,P1                ;读列线状态
            ANL   A,#0F0H             ;提取列线状态
            CJNE  A,#0F0H,ROW_3       ;按键在第四行,找列
            SJMP  NO_KEY              ;无键按下
ROW_0:      MOV   DPTR,#KCODE0        ;第一行按键值地址送 DPTR
            SJMP  CFIND               ;找列
ROW_1:      MOV   DPTR,#KCODE1        ;第二行按键值地址送 DPTR
            SJMP  CFIND               ;找列
ROW_2:      MOV   DPTR,#KCODE2        ;第三行按键值地址送 DPTR
            SJMP  CFIND               ;找列
ROW_3:      MOV   DPTR,#KCODE3        ;第四行按键值地址送 DPTR
CFIND:      JNB   ACC.4,KEY           ;若 ACC.4=0,键在第一列
            INC   DPTR
            JNB   ACC.5,KEY           ;若 ACC.5=0,键在第二列
            INC   DPTR
            JNB   ACC.6,KEY           ;若 ACC.6=0,键在第三列
            INC   DPTR                ;键在第四列
KEY:        CLR   A
            MOVC  A,@A+DPTR           ;查表求键值显示码送 A
NO_KEY:     RET                       ;无键按下返回
DEL15ms:    MOV   R7,#30              ;延时 15ms 子程序
D1:         MOV   R6,#250
            DJNZ  R6,$
```

```
         DJNZ   R7，D1
         RET
KCODE0：  DB 3FH,06H,5BH,4FH          ;键值显示码表
KCODE1：  DB 66H,6DH,7DH,07H
KCODE2：  DB 7FH,6FH,77H,7CH
KCODE3：  DB 39H,5EH,79H,71H
```

5.2 数码管显示原理

LED 数码管是单片机控制系统中最常见的显示器件之一，一般用来显示处理结果或输入/输出信号的状态。

5.2.1 LED 数码管结构与原理

LED 数码管显示器由 8 个发光二极管中的 7 个长条形发光二极管按 a、b、c、d、e、f、g 顺序组成"8"字形，另一个点形的发光二极管 dp 放在右下方，用来显示小数点，如图 5.4（a）所示。

数码管按内部连接方式又分为共阳极数码管和共阴极数码管两种。若 8 个发光二极管的阴极连在一起接地，就称为共阴极数码管，如图 5.4（b）所示；若 8 个发光二极管的阳极连在一起接电源正极，就称为共阳极数码管，如图 5.4（c）所示。

8 段 LED 数码管显示原理很简单，是通过引脚上所加电平的高低来控制发光二极管是否点亮从而显示不同字形。例如，若在共阴极 LED 数码管的 dp、g、f、e、d、c、b、a 引脚上分别加上 01111111B 控制电平（即 dp 上为 0，不亮；其余为 TTL 高电平，全亮），则 LED 数码管显示字形"8"。01111111B 是按 dp、g、f、e、d、c、b、a 顺序排列后的二进制编码（0 为 TTL 低电平，1 为 TTL 高电平），通常写成十六进制形式，称为字形码。因此，LED 数码管上所显示的字形不同，相应的字形码也不一样。8 段共阴极和共阳极字形码如表 5.1 所示。该表常放在内存中。由于"B"和"8""D"和"0"字形相同，故"B"和"D"均以小写字母"b"和"d"显示。

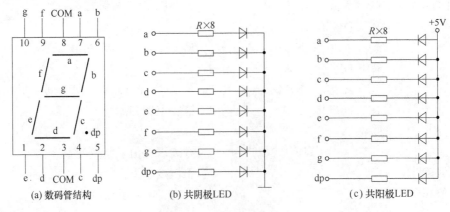

(a) 数码管结构   (b) 共阴极 LED   (c) 共阳极 LED

图 5.4 8 段 LED 数码管

表 5.1 8 段 LED 数码管字形码

显示字符	共阴极字形码	共阳极字形码	显示字符	共阴极字形码	共阳极字形码
0	3FH	C0H	b	7CH	83H
1	06H	F9H	C	39H	C6H
2	5BH	A4H	d	5EH	A1H
3	4FH	B0H	E	79H	86H
4	66H	99H	F	71H	8EH
5	6DH	92H	P	73H	8CH
6	7DH	82H	空格	00H	FFH
7	07H	F8H	H	76H	89H
8	7FH	80H	·	80H	7FH
9	6FH	90H		40H	BFH
A	77H	88H			

5.2.2 LED 数码管显示方式

8051 单片机对 LED 数码管的显示控制可以分为静态和动态两种。

（1）静态显示

多位静态显示时，各 LED 数码管相互独立，公共端 COM 接地（共阴极）或接＋5V 电源（共阳极），图 5.5 为 4 位 LED 数码管静态显示电路。每个数码管的 8 个显示字段控制端分别与一个 8 位并行输出口相连，只要输出口输出字型码，LED 数码管就立即显示出相应的字符，并保持到输出口输出新的字型码。

采用静态显示方式，用较小的驱动电流就能得到较高的显示亮度，而且占用 CPU 时间少，编程简单，显示便于监测和控制，但其占用的口线多，硬件电路复杂，成本高，只适用于显示位数较少的场合。

以图 5.5 为例，假设 8051 单片机的 P0 口接 I/O（1）、P1 口接 I/O（2）、P2 口接 I/O（3）、P3 口接 I/O（4），共阳极公共端接＋5V。若显示 8051 单片机，程序如下。

```
MOV   P0,#80H        ;P0 口输出"8"的字形码
MOV   P1,#0C0H       ;P1 口输出"0"的字形码
MOV   P2,#92H        ;P2 口输出"5"的字形码
MOV   P3,#0F9H       ;P3 口输出"1"的字形码
```

（2）动态显示

多位 LED 数码管动态显示方式是各 LED 数码管一位一位地轮流显示，图 5.6 为 8 位 LED 数码管动态显示电路。在硬件电路上，各数码管的显示字段控制端并联在一起，由一个 8 位的并行输出口控制；各 LED 数码管的公共端作为显示位的位选线，由另外的输出口控制。动态显示时，各数码管分时轮流地被选通，即在某一个时刻只选通一个数码管，并送入相应的字形码，让该数码管稳定地显示一段短暂时间，在下一时刻选通另一个数码管，再送入相应的字形码显示，并保持显示一段时间，如此循环，即可在各数码管上显示需要显示的字符。虽然这些字符是在不同的时刻分别显示，但由于人眼存在视觉暂留效应，只要每个保持显示时间足够短，就可以给人以同时显示的感觉。

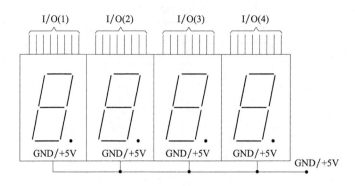

图 5.5 4 位 LED 数码管静态显示电路

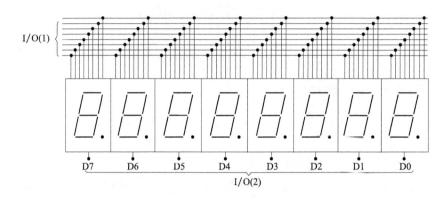

图 5.6 8 位 LED 数码管动态显示电路

采用动态显示方式比较节省 I/O 口，硬件电路简单，但其亮度不如静态显示方式，而且在显示位数较多时，CPU 要依次扫描，占用 CPU 较多的时间。

以图 5.6 为例，假设 8051 单片机的 P1 口接 I/O（1）、P2 口接 I/O（2），若显示12345678，程序如下。

```
MOV   P1,#0F9H          ;P1 口输出"1"的字形码
MOV   P2,#01H           ;P2 口输出 D0 位码
ACALL  DELAY            ;延时
MOV   P1,#0A4H          ;P1 口输出"2"的字形码
MOV   P2,#02H           ;P2 口输出 D1 位码
ACALL  DELAY
MOV   P1,#0B0H          ;P1 口输出"3"的字形码
MOV   P2,#04H           ;P2 口输出 D2 位码
ACALL  DELAY
MOV   P1,#99H           ;P1 口输出"4"的字形码
MOV   P2,#08H           ;P2 口输出 D3 位码
ACALL  DELAY
MOV   P1,#92H           ;P1 口输出"5"的字形码
MOV   P2,#10H           ;P2 口输出 D4 位码
```

```
        ACALL   DELAY
        MOV  P1,♯82H              ;P1 口输出"6"的字形码
        MOV  P2,♯20H              ;P2 口输出 D5 位码
        ACALL   DELAY
        MOV  P1,♯0F8H             ;P1 口输出"7"的字形码
        MOV  P2,♯40H              ;P2 口输出 D6 位码
        ACALL   DELAY
        MOV  P1,♯80H              ;P1 口输出"8"的字形码
        MOV  P2,♯80H              ;P2 口输出 D7 位码
        ACALL   DELAY
```

5.3 ◗ 液晶显示原理

LCD（Liquid Crystal Display）为液晶显示器，由于 LCD 的控制需要专用的驱动电路，且 LCD 面板的接线需要有一定技巧，加上 LCD 面板结构较脆弱，通常不会单独使用，而是将 LCD 面板、驱动与控制电路组合成一个 LCD 模块（Liquid Crystal Display Module，LCM），如图 5.7 所示。LCM 是一种很省电的显示装置，常被应用在数字或微型计算机控制的系统，作为简易的人机接口。

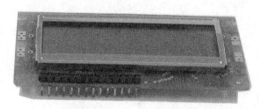

图 5.7 LCD 模块

5.3.1 LCD 模块显示分类

LCD 是一种本身不发光的被动显示器，具有功耗低、显示信息大、寿命长和抗干扰能力强等优点。当前市场上液晶显示器种类繁多，根据显示方式和内容的不同，可以分为数显液晶模块、液晶点阵字符模块和点阵图形液晶模块 3 种。

（1）数显液晶模块

数显液晶模块是一种由段型液晶显示元器件与专用的集成电路组装成一体的功能部件，主要用于数字显示，也可用于显示西文字母或某些字符，已广泛用于电子表、计算器和数字仪表中。

（2）液晶点阵字符模块

液晶点阵字符模块是由点阵字符液晶显示元器件和专用的行/列驱动器、控制器及必要的连接件、结构件装配而成，用于显示字母、数字、符号等。它由若干个 5×7 或 5×10 的点阵组成，每一点阵显示一个字符，广泛应用在各类单片机应用系统中。

（3）点阵图形液晶模块

它是在平板上排列多行或多列，形成矩阵式的晶格点，点的大小可根据显示的清晰度来设计，广泛应用于图形显示，如用于笔记本电脑、彩色电视和游戏机等。

各种型号的液晶模块通常是按照显示字符的行数或液晶点阵的行、列数来命名的。例如，1602 的意思为每行显示 16 个字符，一共可以显示 2 行。类似的命名还有 0801、0802、

1601 等。这类液晶模块通常都是字符型液晶模块，即只能显示 ASCII 码字符，如数字、大小写字母及各种符号等。12232 液晶模块属于图形型液晶模块，它的意思为液晶模块由 122 列、32 行组成，即共有 122×32 个点来显示各种图形，可以通过程序控制这 122×32 个点中的任一个点显示或不显示。类似的命名还有 12864、19264、192128 和 320240 等，根据客户需要，厂家可以设计出任意数组合的点阵液晶模块。

液晶模块体积小、功耗低、显示操作简单，但是它有一个致命的弱点，其使用的温度范围很窄，通用型液晶模块正常工作温度范围为 0～+55℃，存储温度范围为－20～+60℃，即使是宽温级液晶模块，其正常工作温度范围也仅为－20～+70℃，存储温度范围为－20～+80℃，因此，在设计相应产品时，务必考虑周全，选取合适的液晶模块。

下面以 LCD1602 液晶显示模块为例，说明液晶的显示原理、接口电路及软件编程方法。

5.3.2 LCD1602 液晶显示模块

（1）接口信号说明

LCD1602 液晶显示模块采用的标准 16 脚接口如下。

V_{SS}（1 脚）：电源地。

V_{DD}（2 脚）：+5V 电源。

V_O（3 脚）：液晶显示屏明亮度调整输入端，此引脚的电压越低，则显示屏明亮度越高。通常可以利用一个 10kΩ 可变电阻作为明亮度调整电路。

RS（4 脚）：寄存器选择端，当 RS=0 时，选择指令寄存器；当 RS=1 时，选择数据寄存器。

R/$\overline{W}$（5 脚）：读写控制端，当 R/$\overline{W}$=0 时，进行写操作；当 R/$\overline{W}$=1 时，进行读操作。

E（6 脚）：使能端，当 E 为高电平时读取液晶模块的信息，当 E 端由高电平跳变为低电平时，液晶模块执行写操作。

D0～D7（7～14 脚）：8 位双向数据线。

BLA（15 脚）：背光电源正极。

BLK（16 脚）：背光电源负极。

（2）LCD1602 的内部结构

LCD1602 液晶显示模块种类繁多，以常用的日立公司的控制器 HD44780 所组成的 LCD 模块为例进行说明。其内部结构如图 5.8 所示。

① 输出输入缓冲器。所有数据与控制信号都必须通过本单元才能进出 LCD 模块。

② 指令寄存器（Instruction Register，IR）。它是一个 8 位寄存器，其功能是存放微处理器所送入的 LCM 指令、DD RAM 或 CG RAM 的地址。当将数据输入 DD RAM 或 CG RAM 时，首先将数据放入数据寄存器，再把指令与 DD RAM 或 CG RAM 的地址放入本寄存器，即可将该数据输入 DD RAM 或 CG RAM 中。同样地，若要读取 DD RAM 或 CG ROM 的数据，则将指令与 DD RAM 或 CG RAM 的地址放入本寄存器，即可在数据寄存器中取得该地址的数据。

③ 指令译码器。指令译码器是将指令寄存器里的指令进行译码，以获得所要操作 DD RAM 或 CG RAM 的地址。

④ 数据寄存器（Data Register，DR）。连接 LCM 内部数据总线，DD RAM 或

CG RAM 的数据存取都需要通过本寄存器。当 CPU 读取数据寄存器内容后,数据寄存器将自动加载下一个地址的内容。因此,若要连续读取 DD RAM 或 CG RAM 的数据,只要指定其起始的地址即可。

⑤ 地址计数器(Address Counter,AC)。连接 LCM 内部地址总线,对 DD RAM 或 CG RAM 的操作,都需通过 AC 所提供的地址来寻址。当存取 DD RAM 或 CG RAM 时,AC 具有自动增加的功能,当 RS=0,R/$\overline{\text{W}}$=1 时,进入读取 AC 内容的状态,AC 里的数据将输出到 D0~D7 数据总线上。

⑥ 忙标志(Busy Flag,BF)。用以表示 LCM 当时的状态,若 BF=1,则表示 LCM 处于忙碌状态,无法接收外部指令或数据;若 BF=0,则可以接收外部指令或数据。

⑦ 显示数据存储器(Display Data RAM,DD RAM)。映像所要显示的数据。实际上,在本存储器里存放的是所要显示数据的 ASCII 码,根据该 ASCII 码地址,即可到 CG ROM 里找到该字符的显示编码。

⑧ 字符发生存储器(Character Generate ROM,CG ROM)。已经存储了 160 个不同的点阵字符图形,可产生 160 个 5×7 字符,如图 5.9 所示。

⑨ 自定义字符发生存储器 CG RAM。它是一个随机存取存储器,可由使用者自定义 8 个 5×7 字符。

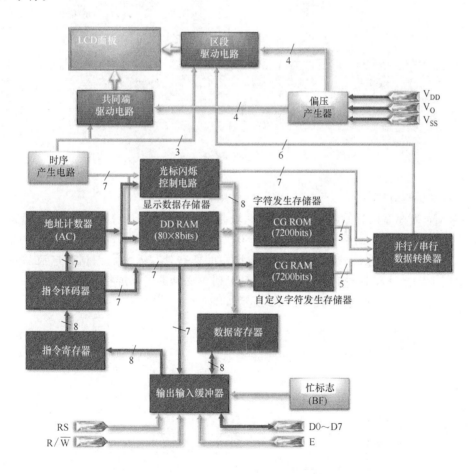

图 5.8　HD44780 LCD 模块内部结构

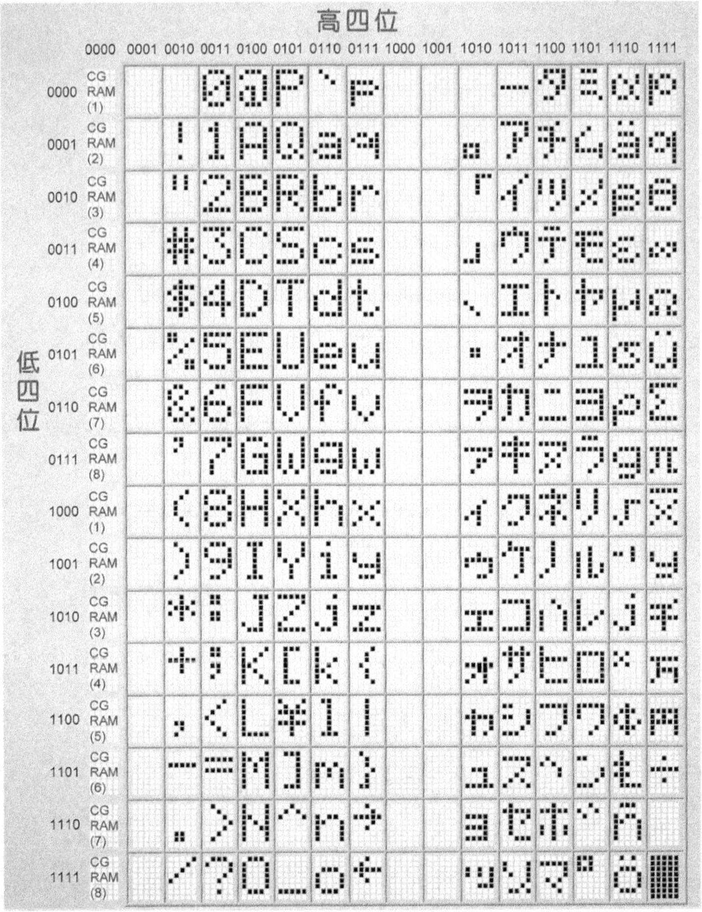

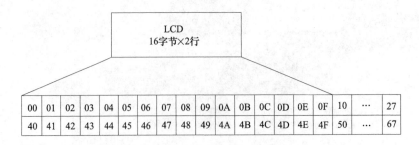

图 5.9　LCD 字符编码

（3）基本操作时序

DD RAM 为 80B 的存储器，分 2 行，地址分别为 00～27H、40～67H，它们实际显示位置的排列顺序与 LCD 的型号有关。LCD1602 的显示地址与实际显示位置的关系如图 5.10 所示。当向图 5.10 中的 00～0F、40～4F 地址中的任一处写入显示数据时，液晶模块都可立即显示出来，当写入 10～27 或 50～67 地址处时，必须通过移屏指令将它们移入可显示区域方可正常显示。基本操作时序如表 5.2 所示。

```
          ┌─────────────────┐
          │       LCD       │
          │  16字节×2行      │
          └─────────────────┘
```

00	01	02	03	04	05	06	07	08	09	0A	0B	0C	0D	0E	0F	10	…	27
40	41	42	43	44	45	46	47	48	49	4A	4B	4C	4D	4E	4F	50	…	67

图 5.10　LCD1602 内部 RAM 地址映射图

表 5.2 基本操作时序

状态	输入	输出
读状态	RS=L,R/$\overline{\text{W}}$=H,E=H	D0～D7 为状态字
读数据	RS=H,R/$\overline{\text{W}}$=H,E=H	无
写指令	RS=L,R/$\overline{\text{W}}$=L,D0～D7 为指令码,E 为高脉冲	D0～D7 为数据
写数据	RS=H,R/$\overline{\text{W}}$=L,D0～D7 为数据,E 为高脉冲	无

（4）LCD1602 模块控制指令

LCD1602 模块共有 11 条指令，如表 5.3 所示。

表 5.3 LCD1602 模块指令

序号	指令功能	控制线		数据线							
		RS	R/$\overline{\text{W}}$	D7	D6	D5	D4	D3	D2	D1	D0
1	清除显示幕	0	0	0	0	0	0	0	0	0	1
		清除显示幕,并把光标移至左上角									
2	光标回到原点	0	0	0	0	0	0	0	0	1	×
		光标移至左上角,显示内容不变									
3	设定输入模式	0	0	0	0	0	0	0	1	I/D	S
		I/D=1:地址递增,I/D=0:地址递减 S=1:开启显示屏,S=0:关闭显示屏									
4	显示屏开关	0	0	0	0	0	0	1	D	C	B
		D=1:开启显示屏,D=0:关闭显示屏 C=1:开启光标,C=0:关闭光标 B=1:光标所在位置的字符闪烁,B=0:字符不闪烁									
5	移位方式	0	0	0	0	0	1	S/C	R/L	×	×
		S/C=0、R/L=0:光标左移;S/C=0、R/L=1:光标右移 S/C=1、R/L=0:显示屏左移;S/C=1、R/L=1:显示屏右移									
6	功能设置	0	0	0	0	1	DL	N	F	×	×
		DL=1:数据长度为 8 位,DL=0:数据长度为 4 位 N=1:双行字,N=0:单行字 F=1:5×10 点阵字符,F=0:5×7 点阵字符									
7	CG RAM 寻址设定	0	0	0	1	CG RAM 地址					
		将所要操作的 CG RAM 地址放入地址计数器									
8	DD RAM 寻址设定	0	0	1	DD RAM 地址						
		将所要操作的 DD RAM 地址放入地址计数器									
9	忙标志位 BF	0	1	BF	地址计数器内容						
		读取地址计数器,并查询 LCM 是否忙碌 BF=1 表示 LCM 忙碌,BF=0 表示 LCM 可接受指令或数据									
10	写入数据	1	0	写入数据							
		将数据写入 CG RAM 或 DD RAM									
11	读取数据	1	1	读取数据							
		读取 CG RAM 或 DD RAM 的数据									

① 清屏指令。

RS＝0，R/$\overline{W}$＝0是执行指令写入的操作，而数据总线上的指令为00000001，其功能如下。

　　a. 清除屏幕，将显示数据存储器DD RAM的内容全部写入20H（即空白）。

　　b. 将光标移至左上角。

　　c. 使地址计数器AC清零。

② 光标复位指令。

RS＝0，R/$\overline{W}$＝0是执行指令写入的操作，而数据总线上的指令为0000001×，其功能如下。

　　a. 将光标移至左上角，但DD RAM的内容不变。

　　b. 使地址计数器AC清零。

③ 设置输入模式指令。

RS＝0，R/$\overline{W}$＝0是执行指令写入的操作，而数据总线上的指令为000001 I/D S，其中的I/D与S位的功能如表5.4所示。

表5.4　I/D与S位的功能

I/D	S	功能
0	0	显示的字符不动,光标左移,AC－1
0	1	显示的字符右移,光标不动,AC不变
1	0	显示的字符不动,光标右移,AC＋1
1	1	显示的字符左移,光标不动,AC不变

④ 设置显示屏指令。

RS＝0，R/$\overline{W}$＝0是执行指令写入的操作，而数据总线上的指令为00001 D C B，其中的D C B位含义如下。

　　a. D位为显示屏控制开关位，D＝1时可开启显示屏，D＝0时则关闭显示屏。

　　b. C位为光标控制开关位，C＝1时可显示光标，C＝0时则不显示光标。

　　c. B位为字符闪烁控制开关位，B＝1时字符闪烁，B＝0时字符不闪烁。

⑤ 设置移位方式指令。

RS＝0，R/$\overline{W}$＝0是执行指令写入的操作，而数据总线上的指令为0001 S/C R/L××，其中的"×"代表可为0或1，S/C与R/L位的功能如表5.5所示。

表5.5　S/C与R/L位的功能

S/C	R/L	功能
0	0	光标左移,AC－1
0	1	光标右移,AC＋1
1	0	整个显示屏左移
1	1	整个显示屏右移

⑥ 功能设置指令。

RS＝0，R/$\overline{W}$＝0是执行指令写入的操作，而数据总线上的指令为001 DL N F ××，其中的"×"代表可为0或1，DL、N与F位含义如下。

a. DL 位为传送的数据长度设置位，DL＝1 时采用 8 位方式的数据传送，DL＝0 时采用 4 位方式的数据传送，其中先传送高四位，再传送低四位。

b. N 位为显示行数设置位，N＝1 时两行显示，N＝0 时一行显示。

c. F 位为字符设置位，F＝1 时为 5×10 点阵字符，F＝0 时为 5×7 点阵字符。若显示两行，则不可设置为 5×10 点阵字符。

⑦ CG RAM 寻址指令。

RS＝0，R/$\overline{W}$＝0 是执行指令写入的操作，而数据总线上的指令为 01A5A4A3A2A1A0，其中 A5A4A3A2A1A0 代表所要操作的 CG RAM 地址，紧接于本指令之后，即可将所要输入的数据输入这个地址。

⑧ DD RAM 寻址指令。

RS＝0，R/$\overline{W}$＝0 是执行指令写入的操作，而数据总线上的指令为 1A6A5A4A3A2A1A0，其中 A6A5A4A3A2A1A0 代表所要操作的 DD RAM 地址，紧接于本指令之后，即可将所要输入的数据输入这个地址。

⑨ 读取忙标志 BF 与地址计数器 AC 指令。

RS＝0，R/$\overline{W}$＝1 是执行读取的操作，忙标志 BF 放置在数据总线上的 D7 位，地址计数器 AC 内容放置在数据总线上的 D6～D0 位，分别为 A6A5A4A3A2A1A0。当 BF＝1 时表示忙，这时不能接收命令和数据；当 BF＝0 时表示不忙，低 7 位为读出的 AC 的地址值为 0～127。

⑩ 数据写入指令。

RS＝1，R/$\overline{W}$＝0 是执行数据写入的操作，在数据总线上的数据将写入前一条指令所指定的 DD RAM 或 CG RAM 地址里。

⑪ 数据读出指令。

RS＝1，R/$\overline{W}$＝1 是执行读取数据的操作，前一条指令所指定的 DD RAM 或 CG RAM 地址中的数据，将被放置在数据总线上。读取数据之后，地址计数器将自动加 1，指向下一个地址。

5.4 ◇ 可编程并行接口芯片

可编程并行接口芯片允许通过程序来改变它的工作方式和接口功能，可以实现多种形式的数据传输。这类 I/O 接口芯片的种类很多，这里以 Intel 8255 为例说明其功能及编程方法。

8255 是一种 8 位并行 I/O 接口芯片，有 3 个 8 位的并行口 PA、PB、PC，3 种工作方式，其中，PC 口具有按位进行操作的功能。

（1）内部结构和引脚功能

1）内部结构

8255 内部由 4 部分电路组成。它们是 A 口、B 口和 C 口，A 组控制器和 B 组控制器，数据缓冲器及读写控制逻辑，如图 5.11 所示。

① A 口、B 口和 C 口。A 口、B 口和 C 口均为 8 位 I/O 数据口，但结构上略有差别。A 口由一个 8 位数据输出缓冲器/锁存器和一个 8 位数据输入缓冲器/锁存器组成，B 口和 C

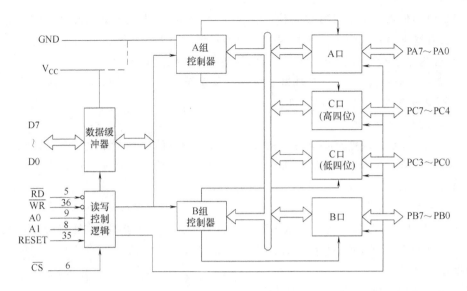

图 5.11　8255 内部结构

口各由一个 8 位数据输出缓冲器/锁存器和一个 8 位数据输入缓冲器（无数据输入锁存器，B 口不可在模式 2 下工作）组成。

　　在使用功能上，A 口、B 口和 C 口三个端口都可与外设相连，分别向外设输入/输出数据或控制信息。但在 Mode1 和 Mode2 方式下，A 口和 B 口常作为数据口，用于传送 I/O 数据；C 口为控制口，高 4 位属于 A 口，传送 A 口上外设的控制/状态信息，低 4 位属于 B 口，传送 B 口所需的控制/状态信息。

　　② A 组控制器和 B 组控制器。它们都由控制字寄存器和控制逻辑组成。控制字寄存器接收 CPU 送来的控制字，用于决定 8255 的工作模式，控制逻辑用于对 8255 工作模式的控制。A 组控制器控制 A 口和 C 口高四位（PC7～PC4），B 组控制器控制 B 口和 C 口低四位（PC3～PC0）。

　　③ 数据缓冲器。这是一个双向 8 位缓冲器，用于传送 8051 和 8255 之间的控制字、状态字和数据。

　　④ 读写控制逻辑。这部分电路可以接收 8051 单片机送来的读写命令和选口地址，用于控制对 8255 的读写。

　　2）引脚功能

　　8255 有 40 条引脚，采用双列直插式封装。

　　① 数据总线（8 条）。D7～D0 为数据总线，用于传送 CPU 和 8255 之间的数据、控制字和状态字。

　　② 控制总线共 6 条。

　　RESET：复位线，高电平有效。

　　$\overline{\text{CS}}$：片选线，低电平有效。若 $\overline{\text{CS}}$ 为高电平，则 8255 不被选中工作；若 $\overline{\text{CS}}$ 为低电平，则 8255 检测到后处于工作状态。

　　$\overline{\text{RD}}$ 和 $\overline{\text{WR}}$：$\overline{\text{RD}}$ 为读命令线，$\overline{\text{WR}}$ 为写命令线，皆为低电平有效。若 $\overline{\text{RD}}$ 为高电平（$\overline{\text{WR}}$ 必为低电平），则 8255 处于写状态；若 $\overline{\text{RD}}$ 为低电平（$\overline{\text{WR}}$ 必为高电平），则所选 8255 处于读状态。

A0 和 A1：地址输入线，用于选中 A 口、B 口、C 口和控制字寄存器中哪一个工作。上述控制线对 8255 端口和工作状态的选择见表 5.6。

表 5.6　8255 端口和工作状态选择

$\overline{CS}$	A1A0	$\overline{RD}$	$\overline{WR}$	端口	功能
0	0　0	0	1	A 口	读 A 口
0	0　0	1	0	A 口	写 A 口
0	0　1	0	1	B 口	读 B 口
0	0　1	1	0	B 口	写 B 口
0	1　0	0	1	C 口	读 C 口
0	1　0	1	0	C 口	写 C 口
0	1　1	1	0	控制口	写控制字
1	×　×	×	×	×	总线高阻

③ 并行 I/O 总线（24 条）。这些总线用于与外设相连，共分三组。

PA7～PA0：双向 I/O 总线，PA7 为最高位，用来传送 I/O 数据，可以设定为输入或输出方式，也可设定为输入/输出双向方式，由控制字决定。

PB7～PB0：双向 I/O 总线，PB7 为最高位，用于传送 I/O 数据，可以设定为输入或输出方式，也由控制字决定。

PC7～PC0：双向数据/控制总线，PC7 为最高位，用于传送 I/O 数据或控制/状态信息，可以设定为输入或输出方式，也可设定为控制/状态方式，由控制字决定。若 8255 处于模式 0，则 PC7～PC0 为 I/O 数据总线；若 8255 处于模式 1 或模式 2，则 PC7～PC0 作为控制/状态线（即握手线）。

④ 电源线（2 条）。V_{CC} 为＋5V 电源线，允许变化±10%；GND 为地线。

（2）8255 控制字和状态字

8255 有两个控制字：方式控制字和 C 口单一置复位控制字。用户通过程序可以把这两个控制字送到 8255 的控制字寄存器（A1A0＝11B），以设定 8255 的工作模式和 C 口各位状态。这两个控制字以 D7 位状态作为标志。

① 方式控制字。

8255 的 3 个端口工作于什么模式以及是输入还是输出方式是由方式控制字决定的。8255 方式控制字格式如图 5.12 所示。

D7 为控制字标志位。若 D7＝1，则本控制字为方式控制字；若 D7＝0，则本控制字为 C 口单一置复位控制字。

D6～D3 为 A 组控制位。其中，D6 和 D5 为 A 组方式选择位。若 D6D5＝00，则 A 组设定为模式 0；若 D6D5＝01，则 A 组设定为模式 1；若 D6D5＝1×（×为任意），则 A 组设定为模式 2。

D4 为 A 口输入/输出控制位。若 D4＝0，则 PA7～PA0 用于输出数据；若 D4＝1，则 PA7～PA0 用于输入数据。

D3 为 C 口高 4 位输入/输出控制位。若 D3＝0，则 PC7～PC4 为输出数据方式；若 D3＝1，则 PC7～PC4 为输入数据方式。

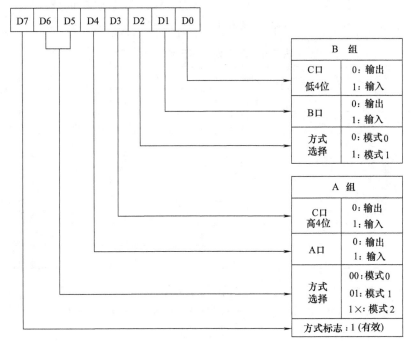

图 5.12　8255 方式控制字格式

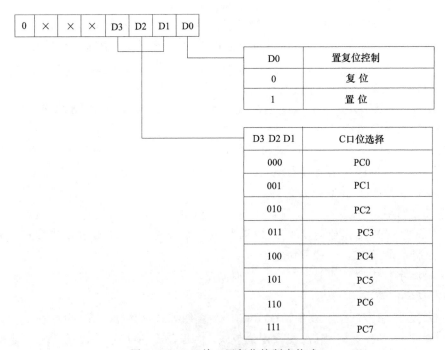

图 5.13　C 口单一置复位控制字格式

D2～D0 为 B 组控制位，其作用和 D6～D3 类似。其中 D2 为方式选择位。若 D2＝0，则 B 组设定为模式 0；若 D2＝1，则 B 组设定为模式 1。D1 为 B 口输入/输出控制位。若 D1＝0，则 PB7～PB0 用于输出数据；若 D1＝1，则 PB7～PB0 用于输入数据。D0 为 C 口低 4 位输入/输出控制位。若 D0＝0，则 PC3～PC0 用于输出数据；若 D0＝1，则 PC3～PC0 用于输入数据。

例如：若 A 口、B 口工作在模式 0，A 口作为输入口，B 口作为输出口的方式控制字为 90H。

② C 口单一置复位控制字。

本控制字可以使 C 口各位单独置位或复位，以实现某些控制功能，该控制字格式如图 5.13 所示。其中，D7＝0 是本控制字的特征位，D3～D1 用于控制 PC7～PC0 中哪一位置位或复位，D0 是置位或复位的控制位。

例如：已知 8255 的控制字寄存器口地址为 7F03H，若令 PC3 置 "1"，则程序如下。

MOV　DPTR，♯7F03H

MOV　A，♯07H

MOVX　@DPTR，A

③ 8255 状态字。

8255 设定为模式 1 和模式 2 时，读 C 口便可读得相应状态字，以便了解 8255 的工作状态。8255 的 A 口、B 口在模式 1 下定义为输入口时，C 口的状态字格式如下。

D7	D6	D5	D4	D3	D2	D1	D0
I/O	I/O	IBFA	INTEA	INTRA	INTEB	IBFB	INTRB

其中，低 3 位 D2～D0 为 B 组状态字，高 5 位中的 D5～D3 为 A 组状态字，各位含义如下。

INTRA/ INTRB：A 口、B 口输入中断请求标志。

IBFA/ IBFB：A 口、B 口输入缓冲器满标志。

INTEA /INTEB：A 口、B 口输入中断允许标志。

8255 的 A 口、B 口在模式 1 下定义为输出口时，C 口的状态字格式如下。

D7	D6	D5	D4	D3	D2	D1	D0
$\overline{OBFA}$	INTEA	I/O	I/O	INTRA	INTEB	$\overline{OBFB}$	INTRB

其中，低 3 位 D2～D0 为 B 组状态字，高 5 位中的 D7～D6、D3 为 A 组状态字，各位含义如下。

INTRA/ INTRB：A 口、B 口输出中断请求标志。

$\overline{OBFA}$/ $\overline{OBFB}$：A 口、B 口输出缓冲器满标志。

INTEA /INTEB：A 口、B 口输出中断允许标志。

8255 的 A 口在模式 2 下，C 口的状态字格式如下。

D7	D6	D5	D4	D3	D2	D1	D0
$\overline{OBFA}$	INTE1	IBFA	INTE2	INTRA			

其中，低 3 位 D2～D0 由 B 组工作方式确定（B 口无模式 2），高 5 位 D7～D3 为 A 组状态字，各位含义如下。

INTRA：A 口中断请求标志。

IBFA：A 口输入缓冲器满标志。

$\overline{OBFA}$：A 口输出缓冲器满标志。

INTE1 /INTE2：A 口输出/输入中断允许标志。

（3）8255 工作模式

8255 有三种工作模式：模式 0（Mode0）、模式 1（Mode1）和模式 2（Mode2）。具体采用哪种工作模式，由设置方式控制字实现。

1）模式 0

工作模式 0 为基本输入/输出方式，这种工作方式不需要选通信号。8255 的 A 口、B 口和 C 口均可通过方式控制字设定为输入或输出。

2）模式 1

工作模式 1 为选通输入/输出方式，A 口和 B 口皆可独立地设置成这种工作模式。在模式 1 下，8255 的 A 口和 B 口通常用于在与它们相连的外设的 I/O 之间传送数据，C 口用作 A 口和 B 口选通方式下的选通与应答信号，以实现中断方式传送 I/O 数据。C 口的 PC7～PC0 选通与应答引脚是在设计 8255 时规定的，其各引脚含义如表 5.7 所示，其中，标有 I/O 的各引脚仍用作基本输入/输出。

表 5.7　8255 C 口各引脚含义

引脚	模式 1		模式 2
	输入方式	输出方式	双向（输入/输出）方式
PC0	INTRB	INTRB	由 B 口模式决定
PC1	IBFB	$\overline{OBFB}$	由 B 口模式决定
PC2	$\overline{STBB}$	$\overline{ACKB}$	由 B 口模式决定
PC3	INTRA	INTRA	INTRA
PC4	$\overline{STBA}$	I/O	$\overline{STBA}$
PC5	IBFA	I/O	IBFA
PC6	I/O	$\overline{ACKA}$	$\overline{ACKA}$
PC7	I/O	$\overline{OBFA}$	$\overline{OBFA}$

① 选通输入方式工作原理。

A 口和 B 口均可工作于本方式，图 5.14 为 A 口在模式 1 选通输入方式下工作的示意图。

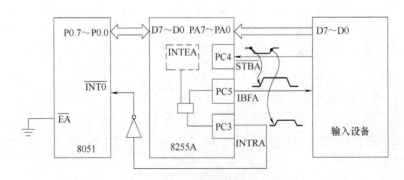

图 5.14　A 口在模式 1 选通输入方式下工作示意图

A 口在模式 1 选通输入方式下的工作过程如下。

a. 当输入设备输入一个数据并送到 PA7～PA0 上时，输入设备自动在选通输入引脚 $\overline{STBA}$ 上发送一个低电平选通信号。

b. 8255 收到 $\overline{STBA}$ 上的负脉冲后自动做两件事：一是把 PA7～PA0 上的输入数据存入 A 口的输入数据缓冲器/锁存器；二是把它内部的输入缓冲器满触发器 Q_{IBFA} 置位，使输入缓冲器满输出线 IBFA 变为高电平，以通知输入设备 8255 的 A 口已收到它送来的输入数据。

c. 8255 同时检测到 $\overline{STBA}$ 变为高电平、Q_{IBFA} 触发器为 1 状态和中断允许触发器 $Q_{INTEA}=1$ 时使 INTRA 变为高电平，向 CPU 发出中断请求。Q_{INTEA} 触发器状态可由用户预先通过 C 口的单一置复位控制字控制。

d. CPU 响应中断后，可以通过中断服务程序从 A 口的输入数据缓冲器/锁存器读取输入设备送来的输入数据。当输入数据被 CPU 读出后，8255 自动撤销 INTRA 上的中断请求，并使 IBFA 变为低电平，以通知输入设备可以送下一个输入数据。

② 选通输出方式工作原理。

8255 的 A 口和 B 口均可设定为本工作方式，图 5.15 为 B 口在模式 1 选通输出方式下工作的示意图。

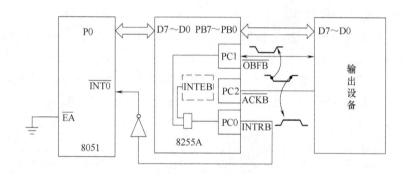

图 5.15 B 口在模式 1 选通输出方式下工作示意图

B 口在模式 1 选通输出方式下的工作过程如下。

a. 单片机把输出数据送到 B 口的输出数据锁存器，8255 收到后便令输出缓冲器满引脚 $\overline{OBFB}$ 变为低电平，以通知输出设备输出数据已到达 B 口的 PB7～PB0。

b. 输出设备收到 $\overline{OBFB}$ 上的低电平后做两件事：一是从 PB7～PB0 上取走输出数据；二是使 $\overline{ACKB}$ 引脚变为低电平，以通知 8255 输出设备已收到输出数据。

c. 8255 从应答输入线 $\overline{ACKB}$ 上收到低电平后就对 $\overline{OBFB}$、$\overline{ACKB}$ 和中断允许触发器 Q_{INTEB} 状态进行检测，若它们均在高电平，则 INTRB 变为高电平并向 CPU 请求中断。

d. CPU 响应 $\overline{INT0}$ 上的中断请求后便可通过中断服务程序把下一个输出数据送到 B 口的输出数据锁存器，并重复上述过程，完成第二个数据的输出。

3）模式 2

模式 2 只有 A 口才能设定。图 5.16 为 A 口在模式 2 下的工作示意图。在模式 2 下，PA7～PA0 为双向 I/O 总线。当作为输入总线使用时，PA7～PA0 受 $\overline{STBA}$ 和 IBFA 控制，其工作过程与模式 1 选通输入方式时相同；当作为输出总线使用时，PA7～PA0 受 $\overline{OBFA}$ 和 $\overline{ACKA}$ 控制，其工作过程与模式 1 选通输出方式时相同。

模式 2 特别适用于终端一类的外部设备，因为这些外部设备有时需要把键盘上输入的编

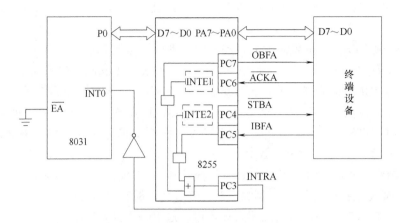

图 5.16　A 口在模式 2 下的工作示意图

码信号通过 A 口送给 CPU，有时 CPU 又需要把数据通过 A 口送给终端显示。

（4）8051 与 8255 接口

8051 和 8255 的连接很简单，只需一个 8 位地址锁存器即可。图 5.17 是 8255 工作于模式 0 时与 8051 的接口电路。图 5.17 中 P2.7 接 8255 的片选引脚，P0 口的低 2 位通过 74LS373 锁存器与 8255 的 2 个地址引脚 A1A0 连接。74LS373 是常用的 TTL 地址锁存器，D0～D7 为输入端，Q0～Q7 为输出端，G 端为输入选通端，$\overline{OE}$ 为输出使能端，$\overline{OE}$ 为低电平时，Q0～Q7 为正常逻辑状态，$\overline{OE}$ 为高电平时，Q0～Q7 为高阻态。

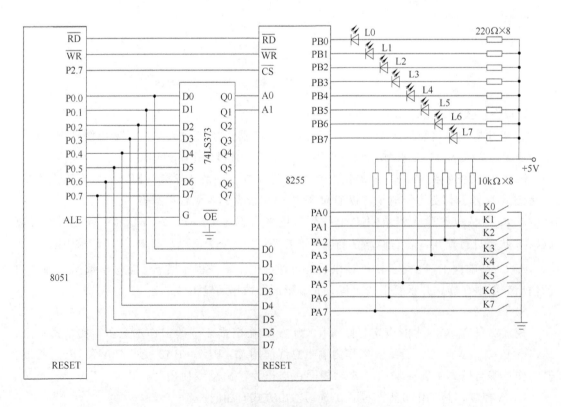

图 5.17　8051 与 8255 的接口电路

G=1 时，锁存器处于透明工作状态，即锁存器的输出状态跟随输入端的数据变化。

G 由 1 变为 0 时，即出现下降沿时，数据被锁存起来，输出端不再跟随输入端的数据变化，而是一直保持其锁存值不变。

G 端可与单片机的锁存控制信号 ALE 直接相连，在 ALE 的下降沿进行地址锁存。

8255 的读写控制引脚 $\overline{RD}$、$\overline{WR}$ 和 RESET 分别与单片机的 $\overline{RD}$、$\overline{WR}$ 和 RESET 连接。

【例 5.1】 已知图 5.17 中，开关 K0～K7 与 8255 的 A 口连接，L0～L7 与 B 口连接。编写根据 K0～K7 的状态控制 L0～L7 的程序。

解 开关闭合，A 口输入引脚电平为 0，对应 B 口输出驱动 LED 灯亮；反之则灯灭。本例 8255 控制口地址选为 7FFFH，方式控制字为 90H。8255 工作前必须设置方式控制字即 8255 初始化设置。

汇编语言程序如下。

```
        ORG   0100H
START:  MOV   DPTR，♯7FFFH      ;DPTR←8255 控制口地址
        MOV   A，♯90H           ;A←工作方式控制字
        MOVX  @DPTR，A          ;控制口←控制字,8255 初始化
LOOP:   MOV   DPTR，♯7FFCH      ;DPTR←A 口地址
        MOVX  A，@DPTR          ;读 A 口开关状态
        INC   DPTR             ;数据指针指向 B 口地址
        MOVX  @DPTR，A          ;开关状态送 B 口,驱动 LED 显示
        SJMP  LOOP             ;跳转到 LOOP,继续读开关状态
        END
```

C51 语言程序如下。

```
♯include ＜reg52.h＞
♯include ＜absacc.h＞           //绝对地址访问头文件
main()
{
unsigned char i;
XBYTE[0x7fff]=0x90;            //8255 初始化
while(1)
{
i=XBYTE[0x7ffc];              //读 A 口开关状态
XBYTE[0x7ffd]=i;             //开关状态送 B 口
}
}
```

【例 5.2】 已知图 5.18 中，字符打印机通过 8255 与单片机连接。编写把 CPU 片内 RAM 从 50H 为起始地址的连续 100 个单元中的数据输出打印的程序。

解 本例 8255 A 口工作在模式 1，因 $\overline{OBFA}$（PC7）引脚上提供的是电平信号，而字符打印机通常需要的选通信号是负脉冲，故不能把 PC7 直接和打印机的 $\overline{STB}$ 端相接，必须利

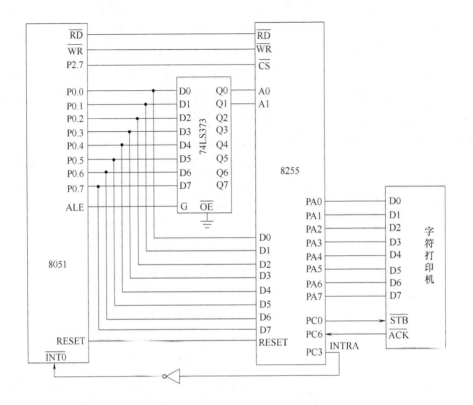

图 5.18　8051 单片机与字符打印机的接口电路

用 C 口单一置复位控制字产生一个驱动脉冲（例如 PC0 引脚），使打印机工作。

本例工作方式控制字为 A8H，A 口为模式 1 输出，PC0 为输出。程序中对外部中断 0（INT0）的设置见第 6 章 8051 单片机中断系统。

汇编语言程序如下。

```
        ORG   0000H
        AJMP  START
        ORG   0003H
        AJMP  PINT0
        ORG   0100H
START： MOV   SP,#70H
        MOV   DPTR, #7FFFH        ;DPTR←8255 控制口地址
        MOV   A,#0A8H             ;A←工作方式控制字
        MOVX  @DPTR, A            ;控制口←控制字,8255 初始化
        MOV   IE, #81H            ;开 INT0 中断
        SETB  IT0                 ;INT0 为负边沿触发
        MOV   R0, #50H            ;R0←打印数据起始地址
        MOV   R2, #99             ;R2←中断次数
```

```
          MOV  DPTR，#7FFCH      ;DPTR←A 口地址
          MOV  A，@R0            ;A←第一个打印数据
          MOVX  @DPTR，A         ;A 口←第一个打印数据
          MOV  DPTR，#7FFEH      ;数据指针指向 C 口地址
          MOV  A，#01H           ;PC0=1
          MOVX  @DPTR，A
          MOV  A，#00H           ;PC0=0
          MOVX  @DPTR，A         ;在 PC0 引脚产生负选通脉冲
          SJMP  $               ;等待
PINT0：   MOV  DPTR，#7FFCH      ;DPTR←A 口地址
          INC  R0               ;R0←R0+1
          MOV  A，@R0            ;A←打印数据
          MOVX  @DPTR，A         ;A 口←打印数据
          MOV  DPTR，#7FFEH      ;数据指针指向 C 口地址
          MOV  A，#01H           ;PC0=1
          MOVX  @DPTR，A
          MOV  A，#00H           ;PC0=0
          MOVX  @DPTR，A         ;在 PC0 引脚产生负选通脉冲
          DJNZ  R2，NEXT         ;若未打印完，则 NEXT
          CLR  EX0              ;若打印完，则关 INT0 中断
          SJMP  DONE
NEXT：    SETB  EX0             ;开 INT0 中断
DONE：    RETI                 ;中断返回
          END
```

C51 语言程序略。

5.5 ⮞ 算数运算指令

8051 单片机算术运算指令有 24 条，可以分为加法、减法、乘除法指令和十进制调整指令。用到的助记符有 ADD、ADDC、INC、SUBB、DEC、MUL、DIV 和 DA。

在这类指令中，人多数指令在运算前都要用到累加器 A 来存放一个操作数，运算后结果存放在累加器 A 中。

注意：除 INC 和 DEC 指令外，其余指令均能影响标志位。

（1）加法指令

加法指令有不带进位 Cy 的加法指令、带进位 Cy 的加法指令和加 1 指令三种。

1）不带进位 Cy 的加法指令（ADD）

ADD A,#data   ;A←A+data

ADD　　A,Rn　　　　　　;A←A+Rn

ADD　　A,direct　　　　　;A←A+(direct)

ADD　　A,@Ri　　　　　;A←A+(Ri)

指令的功能是把源操作数和累加器 A 中的操作数相加，运算后结果存放在累加器 A 中。这些指令的功能正如指令注释段符号所示。

在使用中应注意以下 4 个问题。

① 参加运算的两个操作数必须是 8 位二进制数，操作结果也是一个 8 位二进制数，且对 PSW 中所有标志位产生影响。

② 用户既可以根据编程需要把参加运算的两个操作数看作无符号数（0～255），也可以把它们看作带符号数（-128～+127）。若看作带符号数，则通常采用补码形式。例如，若把二进制数 11010011B 看作无符号数，则该数的十进制值为 211；若把它看作一个带符号补码数，则它的十进制值为-45。

③ 不论把这两个参加运算的操作数看作无符号数还是带符号数，计算机总是按照带符号数法则运算，并产生 PSW 中的标志位。

④ 若将参加运算的两个操作数看作无符号数，则应根据 Cy 判断结果操作数是否溢出；若将参加运算的两个操作数看作带符号数，则运算结果是否溢出应由 OV 标志位判断。

2）带进位 Cy 的加法指令（ADDC）

ADDC　　A,♯data　　　　;A←A+data+Cy

ADDC　　A,Rn　　　　　;A←A+Rn+Cy

ADDC　　A,direct　　　　;A←A+(direct)+Cy

ADDC　　A,@Ri　　　　;A←A+(Ri)+Cy

这 4 条指令可以使指令中规定的源操作数、累加器 A 中的操作数与 Cy 中的值相加，并把操作结果保留在累加器 A 中。这里 Cy 中的值是指令执行前的 Cy 值，不是指令执行中形成的 Cy 值。PSW 中其他各标志位状态变化和不带 Cy 的加法指令相同。

在 8051 单片机中，常用 ADD 和 ADDC 配合使用来实现多字节加法运算。

【例5.3】 已知：A=85H，R0=30H，（30H）=11H，（31H）=FFH，Cy=1，试问 CPU 执行以下指令后累加器 A 中的值是多少？

①ADDC　A,R0；②ADDC　A,@R0；③ADDC　A,31H；④ADDC　A,♯85H。

解

①A=B6H；②A=97H；③A=85H；④A=0BH。

3）加 1 指令（INC）

加 1 指令有 5 条。

INC A　　　　　;A←A+1

INC Rn　　　　;Rn←Rn+1

INC direct　　　;direct←(direct)+1

INC @Ri　　　;(Ri)←(Ri)+1

INC DPTR　　　;DPTR←DPTR+1

INC 指令实现把指令后面的操作数中内容加 1，前面 4 条是对字节处理，最后一条是对

16 位的数据指针 DPTR 加 1。INC 指令除"INC A"要影响 P 标志位外，其他指令对标志位都没有影响。

【例 5.4】 已知两个 16 位无符号数 X、Y 相加，X 存放在 21H 和 20H 中，Y 存放在 31H 和 30H 中，高 8 位在前，低 8 位在后，结果存放于 34H、33H 和 32H 中，假设 Cy＝0。

解 汇编语言程序如下。

```
MOV   R0,#20H        ;R0←20H
MOV   R1,#30H        ;R1←30H
MOV   A,@R0          ;A←(20H)
ADD   A,@R1          ;A←A＋(30H)
MOV   32H,A          ;(32H)←A
INC   R0             ;R0←R0＋1
INC   R1             ;R1←R1＋1
MOV   A,@R0          ;A←(21H)
ADDC  A,@R1          ;A←A＋(31H)＋Cy
MOV   33H,A          ;(33H)←A
MOV   A,#0           ;A←0
ADDC  A,#0           ;A←A＋Cy
MOV   34H,A          ;(34H)←A
```

C51 程序略。

（2）减法指令

减法指令有带 Cy 减法指令和减 1 指令两种。

1）带 Cy 减法指令

```
SUBB  A,Rn           ;A←A－Rn－Cy
SUBB  A,direct       ;A←A－(direct)－Cy
SUBB  A,@Ri          ;A←A－(Ri)－Cy
SUBB  A,#data        ;A←A－data－Cy
```

这 4 条指令的功能是把累加器 A 中操作数减去源地址所指的操作数以及指令执行前的 Cy 值，并把结果保留在累加器 A 中。指令的功能正如指令注释字段所标明的那样。

在 8051 单片机中，无论相减的两数是无符号数还是带符号数，减法操作总是按带符号二进制数进行，并能对 PSW 中各标志位产生影响。产生各标志位的法则是，若最高位在减法时有借位，则 Cy＝1，否则 Cy＝0；若低 4 位在减法时向高 4 位有借位，则 AC＝1，否则 AC＝0；若减法时最高位有借位而次高位无借位或最高位无借位而次高位有借位，则 OV＝1，否则 OV＝0；奇偶校验标志位 P 和加法时的取值相同。

在 8051 单片机指令中，没有不带 Cy 的减法指令，只有带 Cy 的减法指令。对于不带 Cy 的减法指令，使用中只能通过带 Cy 的减法指令来替代，即预先将 Cy 清零。

【例 5.5】 已知：A＝52H，R0＝30H，（30H）＝11H，（31H）＝FFH，Cy＝1，试问

CPU 执行以下指令后累加器 A 中的值是多少？

①SUBB A，R0；②SUBB A，@R0；③SUBB A，31H；④SUBB A，♯0A1H。

解

①A＝21H；②A＝40H；③A＝52 H；④A＝B0H。

2）减1指令

DEC A ；A←A－1

DEC Rn ；Rn←Rn－1

DEC direct ；direct←（direct）－1

DEC @Ri ；（Ri）←（Ri）－1

这4条指令可以使指令中源地址所指RAM单元中的内容减1。与加1指令一样，8051单片机的减1指令也不影响PSW标志位状态，只是第一条减1指令对奇偶校验标志位P有影响。

（3）乘法指令和除法指令

MUL AB ；A×B＝BA

DIV AB ；A÷B＝A…B

乘法指令功能是把累加器 A 和寄存器 B 中的两个8位无符号乘数相乘，并把积的高8位放入B寄存器中，低8位放入累加器A中。指令长度1字节，执行时间4个机器周期。

指令执行后将影响Cy、OV和P标志。乘法指令执行后，进位标志Cy清0；对于溢出标志OV，当积大于255时（即B中不为0），OV置1，否则，OV清0；奇偶标志P仍按累加器A中1的奇偶性来确定。

除法指令将累加器 A 中的无符号数作被除数，B寄存器中的无符号数作除数，相除后的结果，商存于累加器A中，余数存于B寄存器中。

指令执行后也将影响Cy、OV和P标志，一般情况下Cy和OV都为0，只有当B寄存器中的除数为0时，Cy和OV才被置为1，而奇偶标志P仍按累加器A中1的奇偶性来确定。

【例5.6】 已知R2中有一个8位二进制数，编写把它转换为3位BCD数的程序。其中百位BCD数放在20H单元，十位BCD数放在21H单元，个位BCD数放在22H单元。

解 二进制数除以100得到的商即为百位BCD数，接着将余数除以10得到的商和余数即为十位和个位BCD数。

汇编语言程序如下。

ORG 0200H

MOV A，R2 ；A←R2

MOV B，♯100 ；B←100

DIV AB ；A÷B＝A…B

MOV R0，♯20H ；R0←20H

MOV @R0，A ；（20H）←百位BCD数

MOV A，B ；A←余数

```
MOV   B，♯10            ;B←10
DIV   AB               ;A÷B＝A…B
INC   R0               ;R0←R0＋1
MOV   @R0，A            ;(21H)←十位 BCD 数
INC   R0               ;R0←R0＋1
MOV   @R0，B            ;(22H)←个位 BCD 数
SJMP  $                ;动态停机
END
```

C51 语言程序略。

（4）十进制调整指令

在 8051 单片机中，十进制调整指令只有一条，用于对 BCD 数相加结果进行调整，指令格式如下。

DA   A

它只能用在 ADD 或 ADDC 指令的后面，对存于累加器 A 中的结果进行调整，使之得到正确的十进制结果。通过该指令可实现两位十进制 BCD 码数的加法运算。它的调整先后过程如下。

① 若累加器 A 的低 4 位为十六进制数的 A～F 或辅助进位标志 AC 为 1，则累加器 A 中的低 4 位加 0110（6）调整。

② 第一步调整以后，若累加器 A 的高 4 位为十六进制数的 A～F 或进位标志 Cy 为 1，则累加器 A 中的高 4 位加 0110（6）调整。

③ 第二步调整后如 Cy 有进位，该进位可看作结果是十进制数的最高位（百位）。

【例 5.7】 已知 R3 中有十进制数 58，在 R2 中有十进制数 85，用十进制运算，运算的结果放在 R5 中。

解
```
MOV      A,R3
ADD      A,R2
DA       A
MOV      R5,A
```
二进制加法和十进制调整过程如图 5.19 所示。

```
    01011000B
  ＋10000101B
    11011101B
        0110B ── 低四位＞9，加6调整
    11100011B
    0110      ── 高四位＞9，加6调整
  101000011B
```

图 5.19 二进制加法和十进制调整过程

调整后，R5＝43，Cy＝1，即运算结果为 143。

5.6 ⊙ 人机交互方法及电路应用

5.6.1 8051 单片机与键盘接口及应用

8051 单片机与键盘接口简单，可以直接利用单片机的 I/O 口与键盘连接。

【例 5.8】 独立式键盘控制 LED 灯接口电路如图 5.20 所示。其中，按 K1 键实现 8 个 LED 灯左移；按 K2 键实现 8 个 LED 灯右移；按 K3 键实现左面 4 个 LED 灯和右面 4 个 LED 灯交替闪烁；按 K4 键实现 8 个 LED 灯闪烁。假设每次只有一个键按下。

解 P2 口高四位作为输入引脚接 4 个独立按键，CPU 不断查询引脚的状态确定是否有键按下，根据电路，若哪个键按下，则对应引脚电平为 0，程序设计流程如图 5.21 所示。

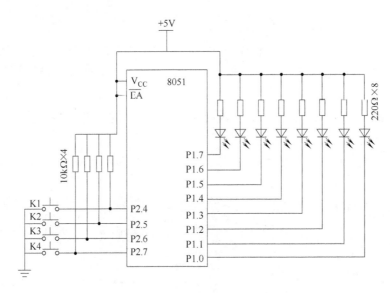

图 5.20 独立式键盘控制 LED 灯接口电路

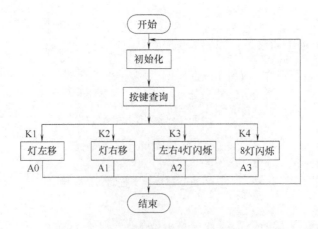

图 5.21 独立式键盘控制灯移动程序流程

汇编语言程序如下。

```
           ORG          0100H
MAIN:      MOV          SP,＃70H
START:     MOV          P1,＃0FFH        ;设置 P1 口初始状态
           MOV          P2,＃0FFH        ;设置 P2 口为输入
LOOP:      MOV          A,P2             ;读按键状态
           ANL          A,＃0F0H         ;提取按键状态
           XRL          A,＃0F0H
           JZ           LOOP             ;若 A＝0,无键按下
           ACALL        DEL15ms          ;若有键按下,去抖动
           MOV          A,P2             ;再读按键状态
           ANL          A,＃0F0H         ;提取按键状态
           XRL          A,＃0F0H
           JZ           LOOP             ;无键按下继续查询
           JNB          P2.4,A0          ;若 K1 键按下,则转 A0
           JNB          P2.5,A1          ;若 K2 键按下,则转 A1
           JNB          P2.6,A2          ;若 K3 键按下,则转 A2
           JNB          P2.7,A3          ;若 K4 键按下,则转 A3
           SJMP         LOOP             ;无键按下继续查询
A0:        MOV          R2,＃8           ;设置左移位数
           MOV          A,＃0FEH         ;设置左移初值
LEF:       MOV          P1,A             ;输出至 P1
           ACALL        DELAY            ;调延时 0.1s 子程序
           RL           A                ;左移一位
           DJNZ         R2,LEF           ;若 R2－1≠0,则 LEF
           SJMP         START            ;跳转,重新查询
A1:        MOV          R3,＃8           ;设置右移位数
           MOV          A,＃7FH
RIG:       MOV          P1,A             ;输出至 P1
           LCALL        DELAY            ;调延时 0.1s 子程序
           RR           A                ;右移一位
           DJNZ         R3,RIG           ;若 R3－1≠0,则 RIG
           SJMP         START
A2:        MOV          R4,＃10          ;设闪烁 5 次
           MOV          A,＃0FH          ;设置初值
LOOP1:     MOV          P1,A             ;输出
           LCALL        DELAY            ;调延时 0.1s 子程序
           CPL          A                ;取反
```

```
         DJNZ      R4,LOOP1      ;若 R4-1≠0,则 LOOP1
         SJMP      START
A3：     MOV       R1，#10        ;设闪烁 5 次
         MOV       A，#00H        ;设置初值
LOOP2：  MOV       P1，A          ;输出
         LCALL     DELAY          ;调延时 0.1s 子程序
         CPL       A              ;取反
         DJNZ      R1,LOOP2       ;若 R1-1≠0,则 LOOP2
         SJMP      START
DEL15ms：MOV       R7，#30        ;延时 15ms 子程序
D1：     MOV       R6，#250
         DJNZ      R6，$
         DJNZ      R7,D1
         RET
DELAY：  MOV       R5，#200        ;延时 0.1s 子程序
DLY：    MOV       R6，#250
         DJNZ      R6，$
         DJNZ      R5，DLY
         RET
         END
```

C51 语言程序如下。

```
#include <reg52.h>              //52 系列单片机头文件
#include <intrins.h>            //包含_crol_函数所在的头文件
#define   LED  P1
#define uint unsigned int       //宏定义
#define uchar unsigned char
sbit k1=P2^4;
sbit k2=P2^5;
sbit k3=P2^6;
sbit k4=P2^7;
void delayms(uint);             //声明延时函数
void left();                    //左移函数
void right();                   //右移函数
void alter(uchar);              //4 灯闪烁函数
void flash(uchar);              //8 灯闪烁函数
void main()                     //主函数
{
while(1)
  {
```

```
        LED＝0xff;                      //P1 口初始状态
    if(k1＝＝0)   left();
    else if(k2＝＝0)   right();
    else if(k3＝＝0)   alter(5);
    else if(k4＝＝0)   flash(5);
    }
  }
void left()                            //左移函数
{  uchar i;
   uint a＝0xfe;                        //赋初值 11111110B
   for(i＝0;i＜8;i＋＋)
   {
       LED＝a;
       delayms(100);                   //延时 100ms
       a＝_crol_(a,1);                  //将 a 循环左移 1 位后再赋给 a
   }
}
void alter(uchar x)
{  uchar i;
   LED＝0x0f;                           //初始状态
   for(i＝0;i＜2 * x－1;i＋＋)           //变量 for 循环执行 2x－1 次
   {  delayms(100);                    //延迟 100ms
     LED＝～LED;                        //LED 反相输出
   }
}
```

本例 right()、flash()、delayms()略。

【例 5.9】 4×4 矩阵式键盘、LED 数码管与单片机接口电路如图 5.22 所示。其中，P1

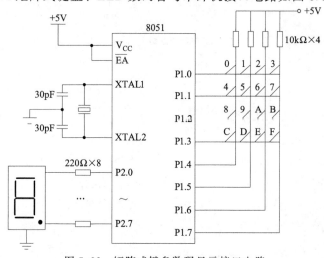

图 5.22   矩阵式键盘数码显示接口电路

口的高 4 位接键盘的列线，P1 口的低 4 位接键盘的行线；P2 口接共阴极数码管。要求设计实现按下键值在数码管显示出来的程序。

解 采用行扫描法确定具体哪个键按下，再经查表得出显示码从 P2 口输出。程序设计流程如图 5.23 所示。

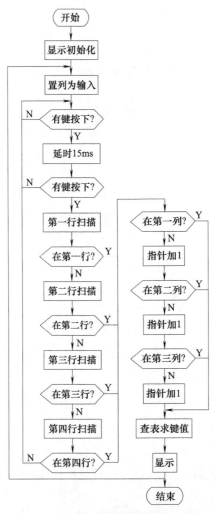

图 5.23 矩阵式键盘数码显示程序流程

汇编语言程序如下。

```
        ORG   0100H
MAIN：   MOV   SP,＃70H
START：  MOV   P2,＃00H          ;数码管显示初始化
SCAN：   MOV   P1,＃0F0H         ;设置 P1 高 4 位为输入,低 4 位为输出
LOOP：   MOV   A,P1             ;读列线状态
        ANL   A,＃0F0H          ;提取列线状态
        XRL   A,＃0F0H
        JZ    LOOP             ;若 A＝0,无键按下
```

```
          ACALL  DEL15ms           ;若有键按下,去抖动
          MOV  A,P1               ;再读列线状态
          ANL  A,#0F0H            ;提取列线状态
          XRL  A,#0F0H
          JZ  LOOP                ;无键按下继续查询
R_SCAN:   MOV  P1,#11111110B      ;第一行扫描
          MOV  A,P1               ;读列线状态
          ANL  A,#0F0H            ;提取列线状态
          CJNE  A,#0F0H,ROW_0     ;按键在第一行,找列
          MOV  P1,#11111101B      ;第二行扫描
          MOV  A,P1               ;读列线状态
          ANL  A,#0F0H            ;提取列线状态
          CJNE  A,#0F0H,ROW_1     ;按键在第二行,找列
          MOV  P1,#11111011B      ;第三行扫描
          MOV  A,P1               ;读列线状态
          ANL  A,#0F0H            ;提取列线状态
          CJNE  A,#0F0H,ROW_2     ;按键在第三行,找列
          MOV  P1,#11110111B      ;第四行扫描
          MOV  A,P1               ;读列线状态
          ANL  A,#0F0H            ;提取列线状态
          CJNE  A,#0F0H,ROW_3     ;按键在第四行,找列
          AJMP  LOOP              ;无键按下,继续查询
ROW_0:    MOV  DPTR,#KCODE0       ;第一行按键起始地址送 DPTR
          AJMP  CFIND             ;找列
ROW_1:    MOV  DPTR,#KCODE1       ;第二行按键起始地址送 DPTR
          AJMP  CFIND             ;找列
ROW_2:    MOV  DPTR,#KCODE2       ;第三行按键起始地址送 DPTR
          AJMP  CFIND             ;找列
ROW_3:    MOV  DPTR,#KCODE3       ;第四行按键起始地址送 DPTR
CFIND:    JNB  ACC.4,KEY          ;若 ACC.4=0,键在第一列
          INC  DPTR               ;键不在第一列,指针加 1
          JNB  ACC.5,KEY          ;若 ACC.5=0,键在第二列
          INC  DPTR               ;键不在第二列,指针加 1
          JNB  ACC.6,KEY          ;若 ACC.6=0,键在第三列
          INC  DPTR               ;键不在第三列,指针加 1
KEY:      CLR  A                  ;累加器清零
          MOVC  A,@A+DPTR         ;查表求键值显示码送 A
          MOV  P2,A               ;显示键值
```

```
                AJMP   SCAN              ;返回主程序开始
DEL15ms：  MOV   R7，♯30           ;延时 15ms 子程序
     D1：  MOV   R6，♯250
           DJNZ  R6，$
           DJNZ  R7，D1
           RET
KCODE0：  DB 3FH,06H,5BH,4FH         ;第一行键值显示码表
KCODE1：  DB 66H,6DH,7DH,07H         ;第二行键值显示码表
KCODE2：  DB 7FH,6FH,77H,7CH         ;第三行键值显示码表
KCODE3：  DB 39H,5EH,79H,71H         ;第四行键值显示码表
           END
```

C51 语言程序如下。

```
♯include ＜reg52.h＞              //52 系列单片机头文件
♯define uchar unsigned char
♯define uint unsigned int
♯define KEYP P1
♯define LED P2
void matrixkeyscan();             //声明行扫描函数
void delayms(uint);               //声明延时函数
void display(uchar);              //声明显示函数
uchar code table[]＝{
0x3f,0x06,0x5b,0x4f,              //第一行键值显示码
0x66,0x6d,0x7d,0x07,              //第二行键值显示码
0x7f,0x6f,0x77,0x7c,              //第三行键值显示码
0x39,0x5e,0x79,0x71};             //第四行键值显示码
void delayms(uint x)
{
    uint i,j;
    for(i＝x;i＞0;i--)             //i＝x 即延时约 x ms
        for(j＝110;j＞0;j--);
}
void display(uchar num)
{
    LED＝table[num];              //显示函数只送段选数据
}
void matrixkeyscan()
{
    uchar temp,key;
    KEYP＝0xfe;
```

```
temp=KEYP;
temp=temp&0xf0;
if(temp! =0xf0)
{
  delayms(10);
  temp=KEYP;
  temp=temp&0xf0;
  if(temp! =0xf0)
  {
    temp=KEYP;
    switch(temp)
    {
      case 0xee:
            key=0;
            break;
      case 0xde:
            key=1;
            break;
      case 0xbe:
            key=2;
            break;
      case 0x7e:
            key=3;
            break;
    }
    while(temp! =0xf0)        //等待按键释放
    {
        temp=KEYP;
        temp=temp&0xf0;
    }
    display(key);                //显示
  }
}
KEYP=0xfd;
temp=KEYP;
temp=temp&0xf0;
if(temp! =0xf0)
{
  delayms(10);
  temp=KEYP;
```

```
            temp=temp&0xf0;
            if(temp! =0xf0)
            {
              temp=KEYP;
              switch(temp)
              {
                case 0xed:
                      key=4;
                      reak;
                case 0xdd:
                      key=5;
                      break;
                case 0xbd:
                      key=6;
                      break;
                case 0x7d:
                      key=7;
                      break;
              }
              while(temp! =0xf0)
              {
                temp=KEYP;
                temp=temp&0xf0;
              }
              display(key);
            }
          }
        KEYP=0xfb;
        temp=KEYP;
        temp=temp&0xf0;
        if(temp! =0xf0)
        {
          delayms(10);
          temp=KEYP;
          temp=temp&0xf0;
          if(temp! =0xf0)
          {
            temp=KEYP;
            switch(temp)
            {
```

```
            case 0xeb:
                    key=8;
                    break;
            case 0xdb:
                    key=9;
                    break;
            case 0xbb:
                    key=10;
                    break;
            case 0x7b:
                    key=11;
                    break;
        }
        while(temp! =0xf0)
        {
          temp=KEYP;
          temp=temp&0xf0;
        }
        display(key);
    }
    }
KEYP=0xf7;
temp=KEYP;
temp=temp&0xf0;
if(temp! =0xf0)
{
  delayms(10);
  temp=KEYP;
  temp=temp&0xf0;
  if(temp! =0xf0)
  {
    temp=KEYP;
    switch(temp)
    {
    case 0xe7:
            key=12;
            break;
    case 0xd7:
            key=13;
            break;
```

```
            case 0xb7：
                  key＝14；
                  break；
            case 0x77：
                  key＝15；
                  break；
        }
        while(temp！＝0xf0)
        {
          temp＝KEYP；
          temp＝temp&0xf0；
        }
        display(key)；
      }
    }
}
void main()
{
    LED＝0x00；         //关闭数码管
    while(1)
  {
    matrixkeyscan()；   //调用键盘扫描程序
  }
}
```

5.6.2　8051 单片机与 LED 数码管接口及应用

为了减少硬件开销，提高系统可靠性并降低成本，单片机控制系统通常采用动态显示方式。动态显示时，对于每一个 LED 数码管来说，每隔一段时间才被点亮一次，因此，数码管的亮度一方面与导通电流有关，另一方面也与点亮时间和间隔时间有关。调整电流和时间参数，可以实现亮度较高且稳定的显示效果。因此，在进行硬件设计时，应考虑提升输出接口的驱动能力；在进行软件设计时，应选择适当的循环间隔时间和数码管的点亮时间。一般情况下，把扫描频率限制在 60Hz 以上，即在 16ms 之内扫描一周，才不会闪烁。若为 4 位数码管的扫描，其每位数的工作周期为固定式负载的 1/4，其亮度约为固定式负载的 1/4；若为 8 位数码管的扫描，那工作周期只剩下固定式负载的 1/8，亮度更小。提高亮度可以从以下两方面考虑：一是降低限流电阻值。对于 4 位数码管的扫描，可以使用 75～150Ω 的限流电阻，其电流将限制在 22～44mA。若整个扫描周期为 16ms，则每位数码管约点亮 4ms。对于 8 位数码管的扫描，可以使用 50～75Ω 的限流电阻，其电流将限制在 44～66mA。若整个扫描周期为 16ms，则每位数码管约点亮 2ms。二是选用高亮度的 LED 数码管。

图 5.24 为 8051 单片机与 6 位 LED 数码管模块的接口电路。图 5.24 中，A 口输出字形码，B 口输出位码，数码管为共阴极结构。为了得到较好的显示亮度，在电路中采用了同相

缓冲器 74LS07 用于提高 A 口的驱动能力；B 口采用反相器驱动数码管的公共端。

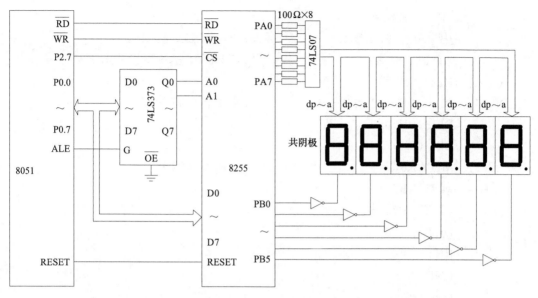

图 5.24　8051 单片机与 6 位 LED 数码管模块的接口电路

【例 5.10】　根据图 5.24，编写从左向右动态显示 6 位十进制数的子程序。已知要显示的数存放在内部 RAM 50H～55H 中。

解　8255 的 PA、PB 口工作于基本输入输出方式，PA 口地址选为 7FFCH，则 PB 口地址为 7FFDH，控制口地址为 7FFFH。字型码通过查表得到，位码开始值为 00000001B。

汇编语言程序如下。

```
        ORG   0100H
        MOV   SP,#70H
        MOV   DPTR,#7FFFH        ;DPTR←控制口地址
        MOV   A,#80H             ;A←方式控制字
        MOVX  @DPTR,A            ;控制口←方式控制字
        MOV   R0,#50H            ;R0←显示缓冲区起始地址
        MOV   R2,#01H            ;R2←位码开始值
NEXT:   MOV   A,@R0              ;取待显示的数
        ADD   A,#18              ;对 A 进行地址修正
        MOVC  A,@A+PC            ;查表取待显示数的字形码
        MOV   DPTR,#7FFCH        ;DPTR←A 口地址
        MOVX  @DPTR,A            ;字形码送 A 口
        INC   DPTR              ;DPTR←DPTR＋1,B 口地址
        MOV   A,R2              ;A←位码
        MOVX  @DPTR,A            ;位码送 B 口
        ACALL DELAY              ;延时 2ms
        INC   R0               ;修正显示缓冲区指针
```

```
            RL  A                      ;位码左移一位
            MOV  R2,A                  ;位码存放 R2
            JB  ACC.6,DONE             ;若六位显示完,则返回
            AJMP  NEXT                 ;若未显示完,则继续显示下一位
    DONE：  RET
  LEDSEG：  DB  3FH,06H,5BH,4FH        ;0~9 字形码表
            DB  66H,6DH,7DH
            DB  07H,7FH,6FH
  DELAY：  MOV R6,♯4                   ;延时 2ms 程序
    LD1：  MOV  R7,♯250
            DJNZ  R7,$
            DJNZ R6,LD1
            RET
            END
```

C51 语言程序如下。

```c
♯include ＜reg52.h＞
♯include ＜absacc.h＞              //绝对地址访问头文件
void delayms(int);                //声明延时函数
unsigned char code duanma[ ]={ 0x3f,0x06,0x5b,0x4f,0x66,0x6d,
0x7d,0x07,0x7f,0x6f };                       //共阴极 0～9 显示码
unsigned char disbuffer[ ]={ 2,0,2,2,0,3 };   //声明显示缓冲区
main()
{
unsigned char i,s,w,temp;
XBYTE[0x7fff]=0x80;         //8255 初始化
while(1)
  {  w=0x01;
for(i=0;i<6;i++)
    {
  s=disbuffer[i];
  temp=duanma[s];
  XBYTE[0x7ffc]=temp;     //送段码
  XBYTE[0x7ffd]=w;        //送位码
  delayms(100);
  w=w<<1;
    }
  }
}
delayms() 略。
```

5.6.3　8051 单片机与 LCD1602 接口及应用

LCD1602 显示器在使用之前需进行初始化设置，初始化可在复位后完成。LCD1602 初始化设置如下。

① 功能设置。功能设置包括设置数据位数、显示行数和字符大小。

② 清除显示屏。

③ 开关显示屏。

④ 设置输入模式。

初始化后就可用 LCD 进行显示，显示时应根据显示的位置先定位，即设置当前显示数据存储器 DD RAM 的地址，再向当前显示数据存储器 DD RAM 写入要显示的内容，如果连续显示，则可连续写入显示的内容。由于 LCD 是外部设备，处理速度比 CPU 的速度慢，向 LCD 写入命令到完成功能需要一定的时间，在这个过程中，LCD 处于忙状态，不能向 LCD 写入新的内容。LCD 是否处于忙状态可通过读忙标志命令来了解。另外，由于 LCD 执行命令的时间基本固定，而且比较短，因此，也可以通过延时等待命令完成后再写入下一条命令。LCD1602 与 8051 接口电路如图 5.25 所示。

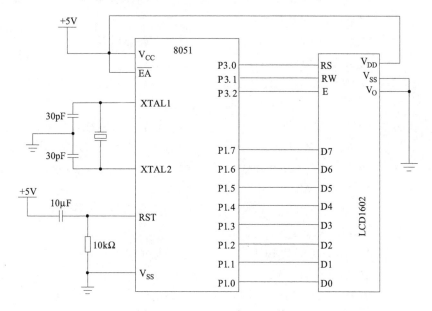

图 5.25　LCD1602 与 8051 接口

【例 5.11】　LCD 循环显示字符串。

解　首先在第一行显示"Hello"，2s 后在第二行显示"Welcome to LCD"，再过 2s 后第一行改为"Nice to meet you"，再过 2s 后将第二行改为"Good luck"。

为了增加程序的可读性，可在程序开头采用 EQU 和 BIT 伪指令定义字符。

EQU（Equate）是赋值伪指令，其格式如下。

字符名称　EQU　数据或汇编符号

其功能是将一个数据或特定的汇编符号赋给其左边的字符名称。

BIT 是位赋值伪指令，其格式如下。

字符名称　BIT　位地址

其功能是将位地址赋给其左边的字符名称。

采用伪指令定义字符后，若需要修改参数，只要在前面修改即可，不必到程序中一个个替换。

汇编语言程序如下。

```
                RS   BIT   P3.0              ;RS 为 P3.0
                RW   BIT   P3.1              ;RW 为 P3.1
                E    BIT   P3.2              ;E 为 P3.2
                LCD  EQU   P1                ;LCD 为 P1
                ORG  0
                AJMP  START
                ORG  0100H
        START:  MOV  SP,#70H
                MOV  A,#00111000B            ;设置为 8 位、2 行、5×7 字符
                ACALL  WR_INST
                MOV  A,#00001000B            ;关闭显示屏
                ACALL  WR_INST
                MOV  A,#00000001B            ;清除显示屏
                ACALL  WR_INST
                MOV  A,#00001111B            ;开启显示屏、光标、字符闪烁
                ACALL  WR_INST               ;
                MOV  A,#00000110B            ;设置光标右移,AC+1
                ACALL  WR_INST
        LOOP:   MOV  A,#10000000B            ;设置第一行起始地址
                ACALL  WR_INST
                MOV  DPTR,#LINE1             ;指向第一行显示数据
                MOV  R0,#6
                ACALL  DISP_LCD              ;显示第一行
                ACALL  DELAY                 ;延时 2s
                MOV  A,#11000000B            ;设置第二行起始地址
                ACALL  WR_INST
                MOV  DPTR,#LINE2             ;指向第二行显示数据
                MOV  R0,#14
                ACALL  DISP_LCD              ;显示第二行
                ACALL  DELAY                 ;延时 2s
                MOV  A,#10000000B            ;设置第一行起始地址
                ACALL  WR_INST
                MOV  DPTR,#LINE3             ;指向第一行显示数据
                MOV  R0,#6
                ACALL  DISP_LCD              ;显示第一行
```

```
                ACALL   DELAY              ;延时 2s
                MOV   A,＃11000000B        ;设置第二行起始地址
                ACALL   WR_INST
                MOV   DPTR,＃LINE4          ;指向第二行显示数据
                MOV   R0,＃14
                ACALL   DISP_LCD           ;显示第二行
                ACALL   DELAY              ;延时 2s
                AJMP   LOOP
    WR_INST：   ACALL   CHECK_BF
                CLR   RS
                CLR   RW
                SETB   E
                MOV   LCD,A
                CLR   E
                RET
    CHECK_BF：  PUSH   A
        BUSY：  CLR   RS
                SETB   RW
                SETB   E
                MOV   A,LCD
                CLR   E
                JB   ACC.7,BUSY
                ACALL   DELAY
                POP   A
                RET
    DISP_LCD：  MOV   R1,＃0
        NEXT：  MOV   A,R1
                MOVC   A,@A＋DPTR
                ACALL   WR_DATA
                INC   R1
                DJNZ   R0,NEXT
                RET
    WR_DATA：   ACALL   CHECK_BF
                SETB   RS
                CLR   RW
                SETB   E
                MOV   LCD,A
                CLR   E
                RET
```

```
DELAY：  MOV   R5,#100                    ;延时 2s
    D1：  MOV   R6,#100
    D2：  MOV   R7,#100
          DJNZ  R7,$
          DJNZ  R6,D2
          DJNZ  R5,D1
          RET
 LINE1：  DB ′Hello′
 LINE2：  DB ′Welcome to LCD′
 LINE3：  DB ′Nice to meet you′
 LINE4：  DB ′Good luck′
          END
```

C51 语言程序略。

习题与思考题

5.1 按键为什么要去抖动？有哪些方法？

5.2 简述图 5.3 中采用列扫描法的矩阵式键盘工作原理。

5.3 LED 数码管有几种显示方式？各自的优缺点是什么？

5.4 LCD1602 共有多少条指令？简述功能设定指令。

5.5 8255 口地址的选择由哪两条地址线决定？如何选择？

5.6 已知 8255 的控制字寄存器口地址为 7F03H，编写令 PC6 先置"1"后置"0"的程序。

5.7 8255 有几种工作模式？各有什么特点？

5.8 【例 5.1】所示电路，如将 A 口、B 口接线对调，程序如何修改？

5.9 设 X 和 Y 均为 8 位无符号二进制数，分别存放在片内 RAM 的 50H 和 51H 单元，试编写能完成以下操作的程序，并且把结果 Z（设 $Z<255$）送到片内 RAM 的 52H 单元。

①$Z=2X+3Y$；②$Z=5X-2Y$。

5.10 已知在片内 RAM 的 30H 和 31H 单元中分别存储两个 BCD 码表示的十进制数 19 和 53，求两个数之和，并把结果存到 32H 单元。

5.11 试设计程序，已知 P2.0 接一按键，当键闭合时引脚输入电平为 0，P1 口接一共阳极数码管，要求每按一次按键，数码管显示加 1，初始值为 0，显示到 9 后，再按一次按键，又从 0 开始显示。

5.12 已知 P2 口低四位接矩阵式键盘行线，P1 口接列线，如何识别 4×8 键盘的键值？假设 32 个键值对应 00H～1FH。

5.13 【例 5.10】中，若要从右向左动态显示 6 位十进制数，怎样修改程序？

5.14 简述 LCD 1602 初始化设置步骤。

5.15 【例 5.11】中，若要在第 1 行第 2 个位置开始显示"Hello!"，怎样修改程序？

第6章 ▶▶

8051单片机中断应用

中断是现代计算机必须具备的重要功能，也是计算机发展史上的一个重要里程碑。中断技术是计算机中一个很重要的技术，它既与硬件有关，又与软件有关，正是因为有了"中断"功能才使计算机的工作更加灵活、更加高效。因此，建立准确的中断概念并灵活掌握中断技术是学好本门课程的关键问题之一。中断是什么？如何使用中断？这些就是本章要回答的问题。

6.1 ◉ 8051单片机中断概述

6.1.1 中断的定义和作用

下面通过一位秘书的工作场景引入中断的概念。

周三上午，一名秘书正在编辑文档，9：00，电话铃声突然响起，这时秘书会立刻放下正在编辑的文档，接听电话，在通话过程中可能做相应的记笔，结束通话后再接着处理还没有编辑完的文档。

在上述的工作场景中，接听电话打断了编辑文档这件事，从计算机的角度可以这样理解：接听电话相对于编辑文档这件事来说就是中断。

（1）中断的定义

中断是指计算机暂时停止原程序的执行，而为外部设备服务（执行中断服务程序），并在服务完成后自动返回，继续原程序的执行过程。中断由中断源产生，中断源在需要CPU帮助时可以向CPU提出"中断请求"。"中断请求"通常是一种电信号，CPU一旦检测到这个电信号便自动跳转，开始执行该中断源的中断服务程序，并在执行完后自动返回原程序继续执行，而且中断源不同，中断服务程序的功能也不同。因此，中断又可定义为CPU自动执行中断服务程序并返回原程序继续执行的过程。

（2）中断的作用

① 提高CPU的工作效率。

CPU有了中断功能，就可以通过分时操作启动多个外设同时工作，并对它们进行统一管理。CPU执行程序员在主程序中安排的有关指令，可以使各外设与CPU并行工作，而且任何一个外设在工作完成后（例如，打印完第一个信息的打印机）都可以通过中断得到满意服务（例如，给打印机送第二个需要打印的信息）。因此，CPU在与外设交换信息时通过中断就可以避免不必要的等待与查询，从而大大提高了它的工作效率。

② 提高数据的处理时效。

在实时控制系统中，被控系统的实时参量、超限数据和故障信息等要求计算机实时采集，进行处理和分析判断，以便对系统实施正确的调节与控制。因此，计算机对实时数据的处理时效常常是被控系统的生命，是影响产品质量和系统安全的关键。CPU 有了中断功能，系统的失常和故障都可以通过中断立刻通知 CPU，使它可以迅速采集实时数据和故障信息，并对系统做出应急处理。

6.1.2　8051 单片机中断源

中断源是指引起中断原因的设备或部件，或发出中断请求信号的源泉。弄清中断源设备有助于正确理解中断的概念，这也是灵活运用 CPU 中断功能的重要方面。MCS-51 系列单片机是一种多中断源的单片机，以 8051 单片机为例，有两个外部设备（外部）中断源、两个定时器溢出中断源和一个串行口中断源。

（1）外部设备中断源

两个外部设备中断源为外部中断 0 和外部中断 1，相应的中断请求信号输入端是 $\overline{\text{INT0}}$（P3.2）和 $\overline{\text{INT1}}$（P3.3）。

外部中断请求 $\overline{\text{INT0}}$ 和 $\overline{\text{INT1}}$ 有两种触发方式，即电平触发方式和负边沿触发方式。

在每个机器周期的 S5P2，CPU 检测 $\overline{\text{INT0}}$ 和 $\overline{\text{INT1}}$ 上的信号。对于电平触发方式，若检测到低电平，即为有效的中断请求。对于负边沿触发方式，要检测两次，若前一次为高电平，后一次为低电平，则表示检测到了负跳变的有效中断请求信号。为了保证检测的可靠性，低电平或高电平的宽度至少要保持一个机器周期，即 12 个振荡周期。

（2）定时器溢出中断源

两个定时器溢出中断源为 T0 和 T1，定时器溢出中断发生在单片机内部。定时器溢出中断是为满足定时或计数的需要而设置的，在单片机内部有两个定时器/计数器，以计数的方法来实现定时或计数的功能。当发生计数溢出（全 1 变 0）时，表明定时时间到或计数值已满，这时就以计数溢出信号作为中断请求，去置位一个溢出标志位，作为单片机接收中断请求的标志位。

（3）串行口中断源

串行口中断源是为串行数据传送的需要而设置的。每当串行口接收或发送一个字节的串行数据完毕时，由硬件使 TI 或 RI 置位，作为串行口中断请求标志，即产生一个串行口中断请求。该请求在单片机内部自动发生。

6.1.3　中断嵌套

8051 单片机共有 5 个中断源，在同一时刻，CPU 只能响应一个中断源的中断请求，因此系统规定了 5 个中断源的中断优先权，以便 CPU 先响应中断优先权级别高的中断请求，然后再逐次响应中断优先权级别次高的中断请求。

当 CPU 响应某一中断请求，执行相应的中断服务程序时，若有优先权级别更高的中断源发出中断请求，则 CPU 中止正在执行的中断服务程序，转去响应级别更高的中断请求，在执行完级别更高的中断服务程序后，再继续执行被中止的中断服务程序，这个过程称为中断嵌套，如图 6.1 所示。如果向 CPU 发出新的中断请求的中断源的优先权级别与正在处理的中断源同级或更低时，则 CPU 就先不响应这个中断请求，直至正在处理的中断服务程序执行完以后才去处理新的中断请求。

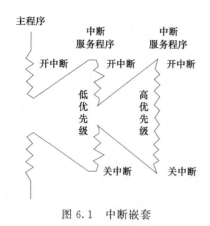

图 6.1　中断嵌套　　　　　　　　图 6.2　中断响应及返回

6.1.4　中断系统功能

中断系统是指能够实现中断功能的那部分硬件电路和软件程序。对于 MCS-51 系列单片机，大部分中断电路都是集成在芯片内部的，只有与 $\overline{INT0}$ 和 $\overline{INT1}$ 中断输入线连接的中断请求信号产生电路，才分散在各中断源电路或接口芯片电路里。

中断系统一般具有以下功能。

（1）进行中断优先权排队

通常，系统中有多个中断源，有时会出现两个或多个中断源同时提出中断请求，这就要求计算机既能区分各个中断源的请求，又能确定首先为哪一个中断源服务。为了解决这一问题，通常给各中断源规定了优先级别，称为优先权。当两个或者两个以上的中断源同时提出中断请求时，计算机首先为优先权最高的中断源服务，再响应级别较低的中断源。计算机按中断源级别高低逐次响应的过程称为优先权排队。这个过程可以通过硬件电路来实现，也可以通过程序查询来实现。

（2）实现中断嵌套

CPU 实现中断嵌套的先决条件是 CPU 要有可屏蔽中断功能，其次要有能对中断进行控制的指令。CPU 的中断嵌套功能可以使它在响应某一中断源中断请求的同时，再去响应更高中断优先权的中断请求。这就要求 CPU 暂时停止原中断服务程序的执行，等处理完更高中断优先权的中断请求后再来响应。例如，某单片机电台监测系统正在响应打印中断时巧遇目标电台开始发报。若监测系统不能暂时终止打印机的打印中断去嵌套响应捕捉目标电台信号的中断，那就会贻误战机，造成无法弥补的损失。

（3）自动响应中断及返回

当某一个中断源发出中断请求时，CPU 能决定是否响应这个中断请求（当 CPU 正在执行更急、更重要的工作时，可以暂时不响应中断）。若允许响应这个中断请求，CPU 必须将正在执行的指令执行完毕后，再把断点处的 PC 值（即下一条将要执行的指令地址）压入堆栈保存下来，这称为保护断点，这是计算机自动执行的。用户自己编程时，也要把有关的寄存器内容和标志位的状态压入堆栈，这称为保护现场。完成保护断点和保护现场的工作后，即可执行中断服务程序，执行完毕，需要恢复现场，在中断服务程序末尾加返回指令 RE-TI，这个过程由用户编程。RETI 指令的功能是恢复 PC 值（即恢复断点），使 CPU 返回断点，继续执行主程序。中断响应及返回如图 6.2 所示。

6.2 🔹 逻辑操作和循环移位指令

在这类指令中，大多数指令在运算前都要用累加器 A 来存放一个操作数，运算的结果也存放在累加器 A 中。这类指令包括逻辑操作和循环移位指令 2 类，共 24 条。

6.2.1 逻辑操作指令

逻辑操作指令有 20 条，可以对两个 8 位二进制数进行与、或、非和异或等逻辑运算，常用来对数据进行逻辑处理，使之适合于传送、存储和输出打印等。在这类指令中，除以累加器 A 为目标寄存器的指令外，其余指令均不会改变 PSW 中的任何标志位。

（1）逻辑与指令

```
ANL   A,#data          ;A←A∧data
ANL   A,Rn             ;A←A∧Rn
ANL   A,direct         ;A←A∧(direct)
ANL   A,@Ri            ;A←A∧(Ri)
ANL   direct,A         ;direct←(direct)∧A
ANL   direct,#data     ;direct←(direct)∧data
```

这组指令前 4 条是以累加器 A 为目标操作数的逻辑与指令，其功能是把累加器 A 和源操作数按位进行逻辑与操作，并把操作结果送回累加器 A；后 2 条是以 direct 为目标地址的逻辑与指令，其功能是把 direct 中的目的操作数和源操作数按位进行逻辑与操作，并把操作结果送入 direct 目标单元。

【例 6.1】 已知：A＝55H，R0＝30H，(30H)＝AAH，(31H)＝CCH，试问 CPU 执行以下指令后累加器 A 和 31H 中的值是多少？

①ANL   A，R0；②ANL   A，@R0；③ANL   31H，A；④ANL   31H，♯0A1H。

解

①A＝10H；　　②A＝00H；　　③(31H)＝44H；④(31H)＝80H。

【例 6.2】 已知在 R0 的低 4 位存储一位十六进制数 X（X 取值为 0～F），编写程序实现下面功能：把 X 转换成相应的 ASCII 码形式，并将转换结果送入 R2 中。

解 本例利用 ANL 指令将 R0 高 4 位屏蔽，则 R0 低 4 位即为所查表的项数，根据查表指令查出对应项数的 ASCII 码。ASCII 码表可以采用下面 2 种形式给出：若 ASTAB＝1000H，则在单片机程序存储器地址为 1000H 开始依次存储 0～F 的 ASCII 码表指令如下。

```
ASTAB:DB "0123456789ABCDEF"
```

或　`ASTAB:DB '0','1','2','3','4','5','6','7','8','9'`

```
      DB 'A','B','C','D','E','F'
```

汇编语言程序如下。

```
      ORG  0100H
      MOV  DPTR,♯ASTAB        ;DPTR←ASTAB
      MOV  A,R0               ;A←R0
```

```
        ANL   A，#0FH              ;屏蔽高四位
        MOVC  A，@A+DPTR          ;A←（A+DPTR），查表
        MOV   R2，A               ;R2←A
ASTAB： DB  "0123456789ABCDEF"    ;建立 0~F ASCII 码表
        END
```

C51 语言程序如下。

```
#include <reg52.h>                //定义头函数,对 52 系列 CPU 的描述
code unsigned char ASCIITable[16]="0123456789ABCDEF";
                                  //定义数字对应的 ASCII 表
unsigned char data R0_at_0x10;    //指明寄存器 R0 的物理地址
unsigned char data R2_at_0x12;    //指明寄存器 R2 的物理地址
unsigned char Result[2];
void main()
{
  unsigned char Number;
  Number=R0;                      //取数
  Result[1]=ASCIITable[Number & 0xf]; //对低四位数 X 进行查表
  R2=Result[1] ;                  //保存结果
}
```

（2）逻辑或指令

```
ORL   A，#data        ;A←A∨data
ORL   A，Rn           ;A←A∨Rn
ORL   A，direct       ;A←A∨(direct)
ORL   A，@Ri          ;A←A∨(Ri)
ORL   direct，A       ;direct←(direct)∨A
ORL   direct，#data   ;direct←(direct)∨data
```

这组指令和逻辑与指令类似,只是指令所执行的操作是逻辑或。逻辑或指令可以用于对某个存储单元或累加器 A 中的数据进行变换,使其中的某些位变为"1"而其余位不变。

【例 6.3】 已知:A=55H,R0=30H,(30H)=AAH,(31H)=CCH,试问 CPU 执行以下指令后累加器 A 和 31H 中的值是多少?

①ORL   A，R0；②ORL   A，@R0；③ORL   31H ，A；④ORL   31H，#0A1H。

解

①A=75H；   ②A=FFH；   ③(31H)=DDH；④(31H)=EDH。

（3）逻辑异或指令

```
XRL   A，#data        ;A←A⊕data
XRL   A，Rn           ;A←A⊕Rn
XRL   A，direct       ;A←A⊕(direct)
XRL   A，@Ri          ;A←A⊕(Ri)
XRL   direct，A       ;direct←(direct)⊕A
XRL   direct，#data   ;direct←(direct)⊕data
```

这组指令和前两组指令类似,只是指令所进行的操作是逻辑异或。逻辑异或指令也可以用来对某个存储单元或累加器 A 中的数据进行变换,使其中某些位取反而其余位保持不变。

【例 6.4】 已知:A＝55H,R0＝30H,(30H)＝AAH,(31H)＝CCH,试问 CPU 执行以下指令后累加器 A 和 31H 中的值是多少?

①XRL A,R0;②XRL A,@R0;③XRL 31H ,A;④XRL 31H,♯0A1H。

解

①A＝65H; ②A＝FFH; ③(31H)＝99H; ④(31H)＝6DH。

【例 6.5】 写出完成下列功能的指令段。

① 对累加器 A 中的高 5 位清 0,其余位不变。

② 对累加器 A 中的低 3 位置 1,其余位不变。

③ 对累加器 A 中的高 4 位取反,其余位不变。

解

① ANL A,♯00000111B。

② ORL A,♯00000111B。

③ XRL A,♯11110000B。

(4)累加器清零和取反指令

```
CLR  A   ;A←0
CPL  A   ;A←Ā
```

这两条指令均为单字节单周期指令,在程序设计中非常有用。

【例 6.6】 已知在片内 RAM 内,从 30H 单元开始连续存放 10 个无符号数,编写程序实现以下功能:将这 10 个数进行累加,并将累加和存放到 31H 单元,假设累加和不超过 255。

解 首先需要对累加器 A 清零。

汇编语言程序如下。

```
        ORG  0100H
        MOV  R0，♯30H      ;R0←30H
        MOV  R2，♯10       ;R2←10
        CLR  A            ;A←0
LOOP:   ADD  A，@R0        ;A←A＋(R0)
        INC  R0           ;R0←R0＋1
        DJNZ R2，LOOP      ;若 R2－1≠0,则转 LOOP
        MOV  31H，A        ;(31H)←A,存累加和
        SJMP $            ;动态停机
        END
```

C51 语言程序如下。

```
♯include ＜reg52.h＞                //定义头函数,对 52 系列 CPU 的描述
    data unsigned char Buffer1[10]_at_0x30;    // 定义片内 RAM 地址
```

```
void main(   )
{
    unsigned char data * ptr1;
    unsigned char Sum,index ;
    Sum=0;                                  // 累加和清零
    for (index=0;index < 10;index++)
      {
        ptr1=&Buffer1[index] ;              // 取数
        Sum=Sum + * ptr1;                   // 逐个相加
      }
    Buffer1[1]=Sum;                         // 保存累加和
}
```

6.2.2 循环移位指令

8051 单片机有 4 条对累加器 A 的循环移位指令，用于对累加器 A 中的内容按位移动。
4 条移位指令分别如下。

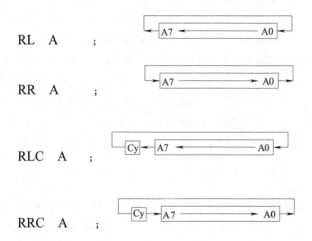

```
RL    A      ;

RR    A      ;

RLC   A      ;

RRC   A      ;
```

这 4 条指令功能如指令右边注释所示。前两条指令是在累加器 A 中进行循环左移和右
移，每次移一位，执行后不影响 PSW 中的标志位；后两条是带 Cy 标志位一起进行循环左
移或右移，执行后影响 PSW 中的 Cy 和 P 标志位。

【例 6.7】 已知累加器 A 中的内容为 11000101B (197)，试问执行下列指令后，累加器
A 和 Cy 中的内容是什么？

①CLR   C   ②CLR   C
  RLC   A   RRC   A

解

①A=10001010B (138)，Cy=1；②A=01100010B (98)，Cy=1。

循环左移时，如果最低位补 0，相当于该数乘以 2；循环右移时，如果最高位补 0，相
当于该数除以 2。

6.3 ➲ 8051单片机中断系统

MCS-51系列单片机的中断系统主要由几个与中断有关的特殊功能寄存器、中断入口、顺序查询逻辑电路等组成。

6.3.1 8051单片机的中断源和中断标志

在MCS-51系列单片机中，单片机类型不同，其中断源个数和中断标志［位］也有差别。例如，8031、8051和8751单片机有5级中断；8032、8052和8752单片机有6级中断。现以8051单片机的5级中断为例加以介绍。

（1）中断源

8051单片机的5级中断分为外部中断0、定时器T0溢出中断、外部中断1、定时器T1溢出中断和串行口中断。

① 外部中断源。

8051单片机有$\overline{\text{INT0}}$和$\overline{\text{INT1}}$两条外部中断请求输入线，用于输入两个外部中断源的中断请求信号，并允许外部中断源以低电平或负边沿两种中断触发方式输入中断请求信号。8051单片机究竟工作于哪种中断触发方式，可由用户通过对定时器控制寄存器TCON的IT0和IT1位状态的设定来选取（图6.3）。8051单片机在每个机器周期的S5P2时对$\overline{\text{INT0}}$/$\overline{\text{INT1}}$线上的中断请求信号进行一次检测，检测方式和中断触发方式的选取有关。若8051单片机设定为负边沿触发方式（IT0＝1或IT1＝1），则CPU需要检测两次$\overline{\text{INT0}}$/$\overline{\text{INT1}}$线上的电平方能确定其中断请求是否有效，即前一次检测为高电平且后一次检测为低电平时，$\overline{\text{INT0}}$/$\overline{\text{INT1}}$线上的中断请求才有效。因此，8051单片机检测$\overline{\text{INT0}}$/$\overline{\text{INT1}}$上负边沿中断请求的时刻不一定恰好是其上中断请求信号发生负跳变的时刻，但两者之间最多不会相差一个机器周期。

② 定时器溢出中断源。

定时器溢出中断由8051单片机内部定时器中断源产生，属于内部中断。8051单片机内部有两个16位定时器/计数器，由内部定时脉冲（系统时钟脉冲经12分频后作计数脉冲）或T0/T1引脚上输入的外部输入脉冲计数。定时器T0/T1在定时脉冲作用下从全"1"变为全"0"时可以自动向CPU提出溢出中断请求，以表明定时器T0/T1的定时时间已到。定时器T0/T1的定时时间可由用户通过程序设定，以便CPU在定时器溢出中断服务程序内进行计时。

③ 串行口中断源。

串行口中断由8051单片机内部串行口中断源产生，也是一种内部中断。串行口中断分为发送中断和接收中断两种，在串行口发送/接收数据时，每当串行口发送/接收完一个字节的串行数据时，串行口电路自动使串行口控制寄存器SCON中的RI或TI中断标志位置位（图6.4），并自动向CPU发出串行口中断请求，CPU响应串行口中断后便立即转移至中断入口地址，开始串行口中断服务程序的执行。因此，只要在串行口中断服务程序中安排一段对SCON中的RI和TI中断标志位的状态进行判断的程序，便可区分串行口发生了接收中断请求还是发送中断请求。

（2）中断标志

8051 单片机在每个机器周期的 S5P2 时检测（或接收）外部（或内部）中断源发来的中断请求信号，先使相应中断标志位置位，然后便在下个机器周期检测这些中断标志位的状态，以决定是否响应该中断。8051 单片机中断标志位集中安排在定时器控制寄存器 TCON 和串行口控制寄存器 SCON 中，由于它们对于 8051 单片机中断初始化关系密切，应熟悉或记住它们。

1）定时器控制寄存器 TCON

TCON 各位定义如图 6.3 所示。各位含义如下。

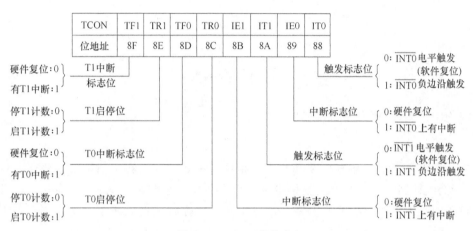

图 6.3　TCON 各位定义

① IT0 和 IT1。IT0 为 $\overline{INT0}$ 中断触发方式控制位，位地址是 88H。IT0 的状态可由用户通过程序设定：若 IT0＝0，则 $\overline{INT0}$ 上中断请求信号的触发方式为电平触发（即低电平引起中断）；若 IT0＝1，则 $\overline{INT0}$ 设定为负边沿触发方式（即由负边沿引起中断）。IT1 的功能和 IT0 相同，区别仅在于被设定的外部中断触发方式不是 $\overline{INT0}$ 而是 $\overline{INT1}$，位地址为 8AH。

② IE0 和 IE1。IE0 为外部中断 $\overline{INT0}$ 的中断请求标志位，位地址是 89H。当 CPU 在每个机器周期的 S5P2 检测到 $\overline{INT0}$ 上的中断请求有效时，IE0 由硬件自动置位；当 CPU 响应 $\overline{INT0}$ 上的中断请求后进入相应中断服务程序时，IE0 被自动复位。IE1 为外部中断 $\overline{INT1}$ 的中断请求标志位，位地址为 8BH，其作用和 IE0 相同。

③ TR0 和 TR1。TR0 为定时器 T0 的启停控制位，位地址为 8CH。TR0 状态可由用户通过程序设定：若使 TR0＝1，则定时器 T0 立即开始计数；若 TR0＝0，则定时器 T0 停止计数。TR1 为定时器 T1 的启停控制位，位地址为 8EH，其作用和 TR0 相同。

④ TF0 和 TF1。TF0 为定时器 T0 溢出中断标志位，位地址为 8DH。当定时器 T0 产生溢出中断（全"1"变为全"0"）时，TF0 由硬件自动置位；当定时器 T0 的溢出中断被 CPU 响应后，TF0 由硬件复位。TF1 为定时器 T1 的溢出中断标志位，位地址为 8FH。其作用和 TF0 相同。

2）串行口控制寄存器 SCON

SCON 各位定义如图 6.4 所示。图 6.4 中，TI 和 RI 两位分别为串行口发送中断标志位和接收中断标志位，其余各位用于串行口方式设定和串行口发送/接收控制。

TI 为串行口发送中断标志位，位地址为 99H。在串行口发送完一个字节数据时，串行口电路向 CPU 发出串行口中断请求的同时也使 TI 置位，但它在 CPU 响应串行口中断后是不能由硬件复位的，故用户应在串行口中断服务程序中通过指令来使它复位。

　　RI 为串行口接收中断标志位，位地址为 98H。在串行口接收到一个字节串行数据时，串行口电路向 CPU 发出串行口中断请求的同时也使 RI 置位，表示串行口已产生了接收中断。RI 也应由用户在中断服务程序中通过软件复位。

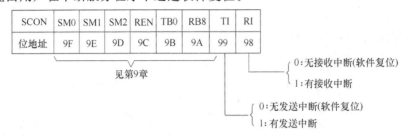

图 6.4　SCON 各位定义

6.3.2　8051 单片机对中断请求的控制

（1）对中断允许的控制

　　8051 单片机没有专门的开中断和关中断指令，中断的开放和关闭是通过中断允许寄存器 IE 进行两级控制。所谓两级控制是指由一个中断允许总控制位 EA，配合各中断源的允许控制位共同实现对中断请求的控制。这些中断允许控制位集成在中断允许寄存器 IE 中，如图 6.5 所示。

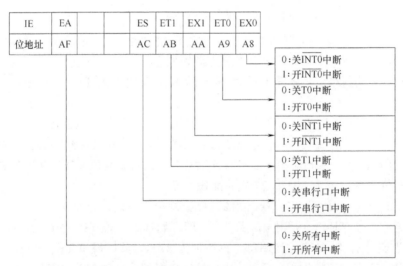

图 6.5　IE 各位定义

　　现在对 IE 各位的含义和作用分析如下。

　　① EA。EA 为中断允许总控制位，位地址为 AFH。EA 的状态可由用户通过程序设定：若使 EA＝0，则 MCS-51 系列单片机的所有中断源的中断请求均被禁止（屏蔽）；若使 EA＝1，则 MCS-51 系列单片机所有中断源的中断请求均被允许，但它们最终是否能被 CPU 响应，还取决于 IE 中相应中断源的中断允许控制位状态。

　　② EX0 和 EX1。EX0 为 $\overline{INT0}$ 中断请求控制位，位地址是 A8H。EX0 状态由用户通过

程序设定：若 EX0＝0，则 $\overline{INT0}$ 上的中断请求被禁止；若 EX0＝1，则 $\overline{INT0}$ 上的中断请求被允许，但 CPU 最终能否响应 $\overline{INT0}$ 上的中断请求，还要看允许中断总控制位 EA 是否为"1"状态。EX1 为 $\overline{INT1}$ 中断请求允许控制位，位地址为 AAH，其作用和 EX0 相同。

③ ET0 和 ET1。ET0 为定时器 T0 的溢出中断允许控制位，位地址是 A9H。ET0 状态由用户通过程序设定：若 ET0＝0，则定时器 T0 的溢出中断被禁止；若 ET0＝1，则定时器 T0 的溢出中断被允许，但 CPU 最终是否响应该中断请求，还要看中断允许总控制位 EA 是否处于"1"状态。

④ ES。ES 为串行口中断允许控制位，位地址是 ACH。ES 状态由用户通过程序设定：若 ES＝0，则串行口中断被禁止；若 ES＝1，则串行口中断被允许，但 CPU 最终是否能响应这一中断，还取决于中断允许总控制位 EA 的状态。

IE 的单元地址是 A8H，各控制位（位地址为 A8H～AFH）也可以进行位寻址，因此既可以用字节传送指令，也可以用位操作指令来对各中断请求加以控制。例如，可以采用以下字节传送指令来允许定时器 T0 的溢出中断。

MOV　　IE，♯82H

若改用位操作指令，则需采用以下两条指令：

SETB　　EA

SETB　　ET0

由于单片机复位后，IE 内容为 00H，CPU 处于禁止所有中断的状态，因此，在MCS-51 单片机复位以后，用户必须通过主程序中的指令来允许所需中断，以便中断请求来到时能被 CPU 所响应。

（2）对中断优先级的控制

MCS-51 系列单片机对中断优先级的控制比较简单，所有中断都可设定为高、低两个中断优先级，以便 CPU 对所有中断实现两级中断嵌套。在响应中断时，CPU 先响应高优先级中断，然后再响应低优先级中断。每个中断的中断优先级均可通过程序来设定，由中断优先级寄存器 IP 统一管理，如图 6.6 所示。

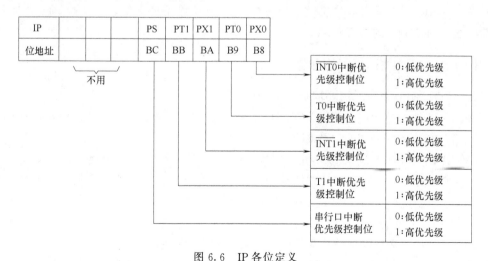

图 6.6　IP 各位定义

现在对 IP 各位的定义说明如下。

① PX0 和 PX1。PX0 是 $\overline{INT0}$ 中断优先级控制位，位地址为 B8H。PX0 的状态可由用户通过

程序设定：若 PX0＝0，则 $\overline{INT0}$ 中断被定义为低中断优先级；若 PX0＝1，则 $\overline{INT0}$ 中断被定义为高中断优先级。PX1 是 $\overline{INT1}$ 中断优先级控制位，位地址是 BAH，其作用和 PX0 相同。

② PT0 和 PT1。PT0 为定时器 T0 的溢出中断控制位，位地址是 B9H。PT0 状态可由用户通过程序设定：若 PT0＝0，则定时器 T0 被定义为低中断优先级；若 PT0＝1，则定时器 T0 被定义为高中断优先级。PT1 为定时器 T1 的溢出中断控制位，位地址是 BBH。PT1 的功能和 PT0 相同。

③ PS。PS 为串行口中断控制位，位地址是 BCH。PS 状态可由用户通过程序设定：若 PS＝0，则串行口中断定义为低中断优先级；若 PS＝1，则串行口中断定义为高中断优先级。

IP 也是 8051 的 CPU 的 21 个特殊功能寄存器之一，各位状态均可由用户通过程序设定，以便对各中断源的优先级进行控制。8051 单片机共有 5 个中断源，但中断优先级只有高、低两级。因此，8051 单片机在工作过程中必然会有两个或两个以上中断源处于同一中断优先级（或者为高中断优先级，或者为低中断优先级）。若出现这种情况，MCS-51 系列单片机内部中断系统对各中断源的中断优先级有统一规定，在出现同级中断请求时，就按表6.1 所示顺序来响应中断。

表 6.1　8051 单片机各中断源中断优先级顺序

中断源	中断标志	优先级顺序
$\overline{INT0}$	IE0	高
定时器 T0	TF0	
$\overline{INT1}$	IE1	↓
定时器 T1	TF1	
串行口中断	TI 或 RI	低

MCS-51 系列单片机有了这个中断优先级的顺序功能，就可以同时处理两个或两个以上中断源的中断请求。例如，若 $\overline{INT0}$ 和 $\overline{INT1}$ 同时设定为高中断优先级（PX0＝1 和 PX1＝1），其余中断设定为低中断优先级（PT＝0、PT1＝0 和 PS＝0），则当 $\overline{INT0}$ 和 $\overline{INT1}$ 同时请求中断时，MCS-51 系列单片机就会根据默认优先级顺序，先处理完 $\overline{INT0}$ 的中断请求，再自动转去处理 $\overline{INT1}$ 的中断请求。

6.3.3　8051 单片机对中断的响应

8051 单片机响应中断时需要满足以下条件之一。

① 若 CPU 处在非响应中断状态且相应中断是允许的，则 MCS-51 系列单片机在执行完现行指令后就会自动响应来自某中断源的中断请求。

② 若 CPU 正处在响应某一中断请求状态时，又来了新的优先级更高的中断请求，则MCS-51 系列单片机便会立即响应并实现中断嵌套；若新来的中断优先级比正在服务的优先级低，则 CPU 必须等到现有中断服务完成以后才会自动响应新来的中断请求。

③ 若 CPU 正处在执行 RETI 或任何访问 IE/IP 指令（如 SETB EA）的时刻，则MCS-51 系列单片机必须等待执行完下条指令后才响应该中断请求。

在满足上述三个条件之一的基础上，MCS-51 系列单片机均可响应新的中断请求。在响应新的中断请求时，MCS-51 系列单片机的中断系统先把该中断请求锁存在各自的中断标志位中，然后在下个机器周期内，按照 IP 和表 6.1 的中断优先级顺序查询中断标志位状态，并完成中断优先级排队。在下一个机器周期的 S1 状态时，MCS-51 系列单片机开始响应最高优先级中断。在响应中断的三个机器周期里，MCS-51 系列单片机必须做以下三件事。

① 把当前程序计数器（PC）中的内容（断点地址）压入堆栈，以便执行到中断服务程序末尾的 RETI 指令时，按此地址返回原程序执行。

② 关闭中断，以防止在响应中断期间受其他中断的干扰。

③ 根据中断源入口地址（表 6.2）跳转（即自动执行一条长转移指令），开始执行相应中断服务程序。

表 6.2　8051 单片机中断入口

中断源	中断服务程序入口	中断源	中断服务程序入口
$\overline{INT0}$	0003H	定时器 T1	001BH
定时器 T0	000BH	串行口中断	0023H
$\overline{INT1}$	0013H		

由表 6.2 可知，8051 单片机的 5 个中断源的入口地址之间彼此相差 8 个存储单元，这 8 个存储单元用来存放中断服务程序的指令码，由于存储单元少，通常难以存放。为了解决这一问题，用户常在 8 个中断入口地址处存放一条三字节的长转移指令。CPU 执行这条长转移指令，便可跳转至相应中断服务程序的存储区开始执行。例如，若定时器 T0 中断服务程序起始地址为 0100H 单元，而定时器 T0 的中断服务程序入口为 000BH，则在 000BH 处进行以下安排，指令执行后便可转入 0100H 处执行中断服务程序。

```
ORG      000BH
LJMP     0100H
```

中断服务程序是专门为外部设备或其他内部中断源处理而设计的程序段，其结尾必须是中断返回指令 RETI。RETI 是中断处理结束的标志，它告诉 CPU 这个中断处理过程已经结束，然后从堆栈中取出断点地址送给程序计数器（PC），使程序返回断点处继续向下执行。

8051 单片机 CPU 的中断响应过程可用图 6.7 描述。

在使用 MCS-51 系列单片机中断技术时，应注意以下两个方面。

① 中断查询在每个机器周期是重复进行的，在中断查询时，中断系统查询中断标志位的状态是在前一个机器周期的 S5 的 P2 节拍采样，如果某个中断源的中断标志位被置 1，但因中断响应条件的原因没有被响应，当中断响应条件具备时，该中断标志位并非为 1，那么，这个中断请求将不会被 CPU 响应。换句话说，当一个中断标志位被置 1，但没有被 CPU 响应，这个中断标志位是不会被保持的。在每一个机器周期内，总是查询上一个机器周期新采样得到的中断标志位。

② 子程序返回指令 RET 也可以使中断处理程序返回断点处，但是，它不能告知 CPU 中断处理已经结束，因此，CPU 依然处于中断处理的状态。如果是处理高优先级中断，CPU 只响应一次中断，而且屏蔽其他所有的中断请求。

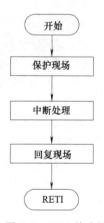

图 6.7　8051 单片机 CPU 的中断响应过程

6.3.4　8051 单片机对中断的响应时间

在实时控制系统中，为了满足控制速度要求，需要弄清 CPU 响应中断所需的时间。响应中断的时间有最短和最长之分。

响应中断的最短时间需要 3 个机器周期。这 3 个机器周期的分配情况：第一个机器周期用于查询中断标志状态（设中断标志已建立且 CPU 正处在一条指令的最后一个机器周期）；第二和第三个机器周期用于保护断点、关 CPU 中断和自动转入执行一条长转移指令。因此，8051单片机从响应中断到开始执行中断入口地址处的指令为止，最短需要 3 个机器周期。

若 CPU 在执行 RETI（或访问 IE/IP）指令的第一个机器周期过程中，查询到有某中断源的中断请求（设该中断源的中断是开放的），则 MCS-51 系列单片机需要再执行一条指令才会响应这个中断请求。在这种情况下，CPU 响应中断的时间最长，共需 8 个机器周期。这 8 个机器周期的分配情况：执行 RETI（或访问 IE/IP）指令需要另加一个机器周期（CPU 需要在这类指令的第一个机器周期查询该中断请求的存在）；执行 RETI（或访问 IE/IP）指令的下一条指令最长需要 4 个机器周期；响应中断到转入该中断入口地址需要 3 个机器周期。

一般情况下，MCS-51 系列单片机响应中断的时间为 3～8 个机器周期。当然，若 CPU 正在进行同级或更高级中断服务（执行它们的中断服务程序）时，则新中断请求的响应需要等待的时间就无法预估。中断响应的时间在一般情况下可不予考虑，但在某些精确定时控制场合，就需要根据上述情况对定时器的时间常数初值做出某种调整。

6.3.5 8051 单片机对中断请求的撤除

在中断请求被响应前，中断源发出的中断请求是由 CPU 锁存在 TCON 和 SCON 的相应中断标志位中的。一旦某个中断请求得到响应，CPU 必须把它的相应中断标志位复位成"0"状态，否则，8051 单片机就会因中断标志位未能得到及时撤除而重复响应同一中断请求，这是绝对不允许的。

8051 单片机有 5 个中断源，但实际上只分属于 3 种中断类型。这 3 种中断类型是外部中断、定时器溢出中断和串行口中断。对于这 3 种中断类型的中断请求，其撤除方法是不相同的。现对它们分述如下。

（1）定时器溢出中断请求的撤除

TF0 和 TF1 是定时器溢出中断标志位，它们因定时器溢出中断的中断请求的产生而置位，因定时器溢出中断得到响应而自动复位成"0"状态。因此，定时器溢出中断源的中断请求是自动撤除的，用户不必专门撤除它们。

（2）串行口中断请求的撤除

TI 和 RI 是串行口中断的标志位，中断系统不能自动将它们撤除，这是因为 MCS-51 系列单片机进入串行口中断服务程序后，经常需要对它们进行检测，以判定串行口发生了接收中断还是发送中断。为了防止 CPU 再次响应这类中断，用户应在中断服务程序的适当位置通过以下指令将它们撤除。

```
CLR  TI     ；撤除发送中断
CLR  RI     ；撤除接收中断
```

若采用字节型指令，则也可采用以下指令：

```
ANL  SCON, #0FCH    ；撤出发送和接收中断
```

（3）外部中断请求的撤除

外部中断请求有两种触发方式：电平触发和负边沿触发。对于这两种不同的中断触发方式，8051 单片机撤除它们的中断请求的方法是不同的。

在负边沿触发方式下，外部中断标志 IE0 或 IE1 是依靠 CPU 检测 $\overline{INT0}$ 或 $\overline{INT1}$ 上的触发电平状态而置位的。因此，芯片设计者使 CPU 在响应中断时自动复位 IE0 或 IE1 就可

撤除 $\overline{INT0}$ 或 $\overline{INT1}$ 上的中断请求,因为外部中断源在得到 CPU 的中断服务时是不可能在 $\overline{INT0}$ 或 $\overline{INT1}$ 上再次产生负边沿,从而使相应中断标志位 IE0 或 IE1 置位。

在电平触发方式下,外部中断标志 IE0 或 IE1 是依靠 CPU 两次检测 $\overline{INT0}$ 或 $\overline{INT1}$ 上的低电平而置位的。尽管 CPU 响应中断时相应中断标志 IE0 或 IE1 能自动复位成 "0" 状态,但若外部中断源不能及时撤除在 $\overline{INT0}$ 或 $\overline{INT1}$ 上的低电平,就会再次使已经变 "0" 的中断标志 IE0 或 IE1 置位,这是绝对不能允许的。因此,电平触发型外部中断请求的撤除必须使 $\overline{INT0}$ 或 $\overline{INT1}$ 上的低电平随着对应中断被 CPU 响应而变为高电平。关于撤除电路,可参考相关的数字电路的设计手册。

6.4 ⊘ 8051 单片机中断的应用

中断控制实质上就是用软件对 4 个与中断有关的寄存器 TCON、SCON、IE 和 IP 进行设置,即中断初始化,设置好这些特殊功能寄存器后,CPU 就会按照用户期望的要求对中断源进行管理和控制。在 8051 单片机中,中断初始化步骤如下。

① 开总中断和相应中断源的中断,也就是允许中断。

此步骤是对中断允许寄存器 IE 进行设置,如开外部中断 0($\overline{INT0}$)中断,指令如下。

    MOV   IE,＃81H

或采用两条位操作指令(见第 7 章)

    SETB   EA
    SETB   EX0

② 设定相应中断源的中断优先级,也可以采取系统默认状态。

此步骤是对中断优先级寄存器 IP 进行设置,如果对外部中断 1($\overline{INT1}$)设置为高优先级中断,其指令如下。

    MOV   IP,＃84H

或采用位操作指令

    SETB   PX1

若系统只使用一个中断源,对 IP 的设置可省略,若系统使用多个中断源,则需对 IP 进行设置,若未设置,则系统会按 CPU 默认的优先级顺序响应中断请求。

③ 若为外部中断,则应规定中断的触发方式,即是电平触发还是负边沿触发。

此步骤是对定时器控制寄存器 TCON 中的 IT0 和 IT1 这两个标志位进行设置。IT0 是针对外部中断 0($\overline{INT0}$)的触发方式设置,IT1 是针对外部中断 1($\overline{INT1}$)的触发方式设置。如设置外部中断 0($\overline{INT0}$)为负边沿触发方式,指令如下。

    MOV   TCON,＃01H

或采用位操作指令

    SETB   IT0

6.4.1 外部中断源的应用

单片机应用系统需要处理大量的输入信号,考虑应用系统对输入信号状态变化的反应快慢程度(不管应用系统对输入信号的查询速度有多么快,其平均响应时间总是大于中断技术的响应时间）以及输入信号状态变化的最小持续时间（如果信号触发频率接近指令周期频率的1/10，最好采用中断方法，因查询时需要采用较小的查询循环），对这些信号处理通常采用中断方法实现。

【例6.8】 试写出 $\overline{INT1}$ 为负边沿触发和高中断优先级的中断初始化程序。

解 ① 采用位操作指令

```
        SETB    EA
        SETB    EX1             ;开 INT1 中断
        SETB    PX1             ;使 INT1 为高优先级
        SETB    IT1             ;使 INT1 为负边沿触发
```

② 采用字节指令

```
        MOV     IE,♯84H         ;开 INT1 中断
        MOV     IP,♯04H         ;使 INT1 为高优先级
        MOV     TCON,♯04H       ;使 INT1 为负边沿触发
```

【例6.9】 已知 P3.2（$\overline{INT0}$）引脚接一单次脉冲信号源，如果有中断请求，则 CPU 使 P1.0 引脚电平取反，电路如图6.8所示。

解 汇编语言程序如下。

```
        ORG     0000H
        LJMP    START
        ORG     0003H
        LJMP    PINT0
        ORG     0100H
START:  MOV     SP ♯60H         ;设置堆栈指针
        MOV     IE,♯81H         ;开 INT0 中断
        MOV     IP,♯01H         ;使 INT0 为高优先级
        MOV     TCON,♯01H       ;使 INT0 为负边沿触发
        SJMP    $               ;等待中断
PINT0： PUSH    ACC             ;保护现场
        PUSH    PSW
        CPL     P1.0            ;取反电平
        POP     PSW             ;回复现场
        POP     ACC
        RETI                    ;中断返回
        END
```

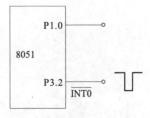

图 6.8 【例6.9】电路

C51 语言程序如下。

```
＃include ＜reg52.h＞
sbit  P10＝P1^0；     //定义引脚
int0()  interrupt 0    //中断函数
{
  P10＝～P10；          //P1.0引脚电平取反
}
main()                //主函数
{
    EA＝1；          //中断总开关
    EX0＝1；          //外部中断0,允许中断
    IT0＝1；          //下降沿有效
    while(1)；
}
```

【例6.10】 已知单个外部中断源应用电路如图6.9所示。主程序实现从L0开始的单灯左移，当按下PB0，系统进入中断状态，中断服务程序实现8灯闪烁，闪烁10次后返回，恢复中断前的状态。

解 汇编语言程序如下。

```
             ORG   0000H
             LJMP   MAIN          ;转移到主程序
             ORG0003H             ;外部中断0程序入口
             LJMP   P_INT0
             ORG   0100H
MAIN：       MOV   SP，＃70H      ;设置堆栈指针
             MOV   TCON,＃01H     ;设INT0为负边沿触发
             MOV   IE,＃81H       ;开INT0中断
             MOV   A,＃0FEH       ;显示控制码初值
NEXT：       MOV   P1,A           ;输出显示
             ACALL DLY            ;延时0.1s
             RL A                 ;产生下1个显示控制码
             AJMP   NEXT
DLY：        MOV   R7,＃200        ;延时0.1s
DEL1：       MOV   R6,＃250
DEL0：       DJNZ   R6,DEL0
             DJNZ   R7,DEL1
             RET
             ORG   0500H
P_INT0：     PUSH  ACC             ;保护现场
             PUSH  PSW
             MOV   R5，＃10         ;闪烁次数
```

```
LOOP:    MOV   A, #00H        ;全部点亮
         MOV  P1,A
         ACALL  DLY
         MOV  A, #0FFH        ;全部熄灭
         MOV  P1, A
         ACALL  DLY
         DJNZ  R5, LOOP       ;闪烁 10 次完否
         POP  PSW             ;恢复现场
         POP  ACC
         RETI
         END
```

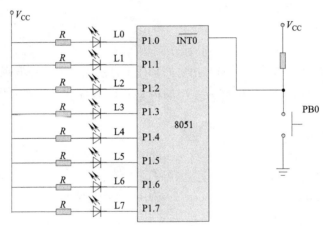

图 6.9　单个外部中断源应用电路

C51 语言程序如下。

```
#include<reg52. h>
#include<intrins. h>
unsigned char i=0;
void delay()                    //延时函数
{
    unsigned int i;
    for (i=0; i<20000; i++);
}
int0()   interrupt 0            //中断函数
{
    for(i=0; i<8; i++)
    {
        P1 =~P1;                //P1 口引脚电平取反
        delay();                //延时
    }
```

```
    }


main()                      //主函数
  {
    P1=0XFE;                // LED 一亮七灭
    EA=1;                   //中断总开关
    EX0=1;                  //外部中断 0,允许中断
    IT0=1;                  //下降沿有效
    while(1) {
        delay();            //延时
        P1=_crol_(P1,1);    // LED 左移点亮
        }
}
```

6.4.2　外部中断源的扩展应用

在实际的系统设计过程中，对于 2 个以上的外部中断源，会经常采取中断和查询相结合的方法来处理。

利用两条外部中断输入线（$\overline{INT0}$ 和 $\overline{INT1}$ 引脚），每一条中断输入线可以通过逻辑或的关系连接多个外部中断源，同时，利用并行输入端口作为多个中断源的识别线，其电路原理如图 6.10 所示。

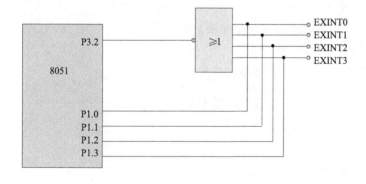

图 6.10　外部中断 0 扩展应用电路

【例 6.11】　根据图 6.10 所示电路，现有 4 个扩展的外部中断源 EXINT0～EXINT3，且中断优先级依次由高到低，试编写中断服务程序。

解　若 4 个扩展的外部中断源 EXINT0～EXINT3 都是电平触发方式（高电平有效），由图 6.10 可知，4 个外部扩展中断源通过 4 输入或非门再与 $\overline{INT0}$（P3.2）相连。4 个外部扩展中断源中，若有一个或几个出现高电平，则或非门输出为 0，使 $\overline{INT0}$ 脚为低电平，从而发出中断请求。

CPU 执行中断服务程序时，先依次查询并行输入端口 P1 的 4 个引脚（P1.0～P1.3）对应的扩展中断源输入状态，然后，跳转到相应的中断服务程序，4 个扩展中断源的优先级

顺序由软件查询顺序来保证，即最先查询优先级最高的 EXINT0，最后查询优先级最低的 EXINT3。

中断服务程序如下。

```
        ORG   0003H ；外部中断 0 入口
        AJMP  INT0 ；转向中断服务程序入口


INT0：  PUSH  PSW ；保护现场
        PUSH  ACC
        JB  P1.0，EXT0 ；中断源查询并转向相应中断服务程序
        JB  P1.1，EXT1
        JB  P1.2，EXT2
        JB  P1.3，EXT3
EXIT：  POP ACC ；恢复现场
        POP PSW
        RETI


EXT0：              ；EXINT0 中断服务程序
        AJMP EXIT
EXT1：              ；EXINT1 中断服务程序
        AJMP EXIT
EXT2：              ；EXINT2 中断服务程序
        AJMP EXIT
EXT3：              ；EXINT3 中断服务程序
        AJMP EXIT
```

同样，外部中断 1（$\overline{INT1}$）也可作相应的扩展。

习题与思考题

6.1 什么叫中断？中断有什么作用？

6.2 8051 单片机有几个中断源？特点是什么？

6.3 8051 单片机有几个外部中断源？怎样向 CPU 发出中断请求？

6.4 什么叫中断嵌套？什么叫中断系统？中断系统的功能是什么？

6.5 IE 和 IP 各位定义是什么？试写出允许 T0 高优先级的定时器溢出中断程序。

6.6 试写出 8051 单片机中断源从高到低的优先级顺序。

6.7 试写出 8051 单片机的 5 个中断源的入口地址（从高到低优先级顺序）。

6.8 试编写能完成下列操作的程序。

① 使 20H 单元中数的高两位变"0"，其余位不变。

② 使 20H 单元中数的低两位变"1"，其余位不变。

③ 使 20H 单元中数的高两位变反，其余位不变。

④ 使 20H 单元中数的所有位变反。

6.9 指出下列指令执行后的操作结果。

① MOV A，#83H   ② MOV A，#77H

ANL　A，♯0FH	MOV　DPTR，♯2000H
MOV　20H，♯34H	CPL　A
ORL　20H，A	MOVX　@DPTR，A
SWAP　A	ANL　A，♯89H
RL　A	RR　A

6.10　试写出 $\overline{\text{INT0}}$ 为电平触发方式的中断初始化程序。

6.11　已知 P3.2（$\overline{\text{INT0}}$）引脚接一单次脉冲信号源，如果有中断请求，则 R0 加 1，当 R0 计满 100 个数时停止计数。

在单片机应用技术中，往往需要定时检查某个参数，或按一定时间间隔来进行某种控制，有时还需要根据某种事件的计数结果进行控制，这就需要单片机具有定时和计数功能。单片机内部的定时器/计数器正是为此而设计的。

定时功能虽然可以用延时程序来实现，但这样做是以降低 CPU 的工作效率为代价的，定时器则不影响 CPU 的效率。由于单片机片内集成了硬件定时器/计数器，这样就简化了应用系统的设计。

7.1 ● 8051 单片机的定时器/计数器

7.1.1 定时器/计数器的结构和控制

（1）定时器/计数器的结构

8051 单片机内部带有两个 16 位二进制数的定时器/计数器 T0 和 T1。T0 由两个 8 位二进制数的特殊功能寄存器 TH0 和 TL0 构成，其中，TL0 为 T0 的低 8 位，TH0 为 T0 的高 8 位；T1 由两个 8 位二进制数的特殊功能寄存器 TH1 和 TL1 构成，其中，TL1 为 T1 的低 8 位，TH1 为 T1 的高 8 位。定时器/计数器的逻辑结构如图 7.1 所示。

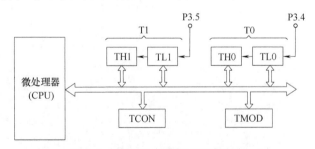

图 7.1 定时器/计数器的逻辑结构

TMOD 为二进制 8 位方式寄存器，用于控制和确定 T0/T1 的功能和工作方式。TCON 为二进制 8 位可位寻址的控制寄存器，用于控制 T0/T1 的启动与停止计数及指示 T0/T1 的计满溢出状态。T0 和 T1 都是加法计数器，每输入一个计数脉冲，计数器加 1，当加到计数器为全 1 时，再输入一个计数脉冲，就使计数器发生溢出，溢出时，计数器回零，并置位 TCON 中的 TF0 或 TF1，以表示定时时间到或计数值已满。

（2）定时器/计数器的控制

8051 单片机对内部定时器/计数器的控制主要是通过 TMOD 和 TCON 两个特殊功能寄

存器实现的。以 T0 为例，其控制逻辑如图 7.2 所示。

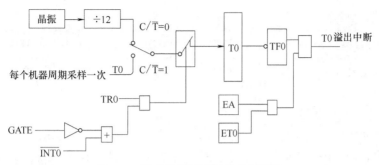

图 7.2 定时器/计数器 T0 控制逻辑

① 定时器方式寄存器 TMOD。定时器方式寄存器 TMOD 的地址为 89H，CPU 不能采用位寻址指令对各位进行操作，只可以采用字节传送指令来设置 TMOD 中各位的状态。它的低 4 位是对定时器/计数器 T0 进行设置，高 4 位是对定时器/计数器 T1 进行设置。TMOD 中各位定义如下。

D7	D6	D5	D4	D3	D2	D1	D0
GATE	C/$\overline{\text{T}}$	M1	M0	GATE	C/$\overline{\text{T}}$	M1	M0

GATE：门控位。

当 GATE＝1 时，只有 $\overline{\text{INT0}}$ 或 $\overline{\text{INT1}}$ 引脚为高电平且 TR0 或 TR1 置 1 时，相应的定时器/计数器才被选通工作；当 GATE＝0，则只要 TR0 或 TR1 置 1，定时器/计数器就被选通，而不管 $\overline{\text{INT0}}$ 或 $\overline{\text{INT1}}$ 的电平是高还是低。

C/$\overline{\text{T}}$：定时/计数功能选择位。

当 C/$\overline{\text{T}}$＝0 时，设置为定时器方式，计数脉冲为晶振频率的 1/12；当 C/$\overline{\text{T}}$＝1 时，设置为计数器方式，计数脉冲来自单片机 T0（P3.4）或 T1（P3.5）的输入引脚。CPU 在每个机器周期内对 T0（或 T1）检测一次，但只有在前一次检测为 1 和后一次检测为 0 时才会使计数器加 1。因此，计数器不是由外部时钟负边沿触发，而是在两次检测中检测到负跳变存在时才进行计数的。由于两次检测需要 24 个时钟脉冲，故 T0 线上输入脉冲的"0"或"1"的持续时间不能少于一个机器周期。通常，T0 或 T1 输入线上的计数脉冲频率总小于 100kHz。

M1、M0：工作方式选择位。2 位可形成 4 种编码，对应 4 种工作方式，如表 7.1 所示。

表 7.1 定时器/计数器工作方式

工作方式	计数器功能
方式 0	13 位计数器
方式 1	16 位计数器
方式 2	自动重装初值的 8 位计数器
方式 3	T0 为两个 8 位独立计数器，T1 为无中断重装 8 位计数器

② 定时器控制寄存器 TCON。定时器控制寄存器 TCON 的地址为 88H，D7～D0 的位地址为 8FH～88H。CPU 既能采用位寻址指令对各位进行操作，也可以采用字节传送指令

来设置 TCON 中各位的状态。TCON 中各位定义如下。

D7	D6	D5	D4	D3	D2	D1	D0
TF1	TR1	TF0	TR0	IE1	IT1	IE0	IT0
8FH	8EH	8DH	8CH	8BH	8AH	89H	88H

TF1：T1 溢出标志位。

当 T1 计满溢出时，由硬件自动置 1。TF1 也是 T1 溢出中断标志位，当 TF1＝1 时，说明 T1 计满溢出，向 CPU 请求中断。TF1 由软件清零。如果使用中断方式实现定时或计数，CPU 响应中断时，由硬件自动清零。

TR1：T1 启停控制位。

当 TR1＝1 时，若 GATE＝0，T1 启动计数；若 GATE＝1，T1 的启动与否还取决于 $\overline{\text{INT1}}$ 引脚输入信号的状态，只有当 $\overline{\text{INT1}}$ 引脚输入信号为高电平时，T1 才启动计数。当 TR1＝0 时，T1 停止计数。

TF0 和 TR0：T0 溢出标志位和启停控制位，其功能和操作情况与 T1 类同。

7.1.2 定时器/计数器的工作方式

定时器/计数器 T0 /T1 有四种工作方式，具体选择哪种工作方式是与其实现功能有关的。四种方式 TH/TL 排列格式如图 7.3 所示。

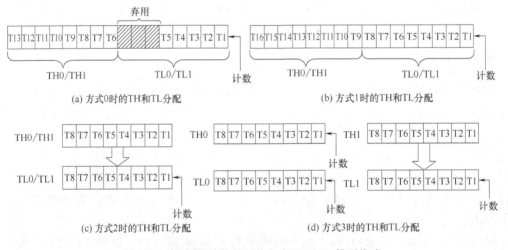

图 7.3　定时器/计数器四种方式 TH/TL 排列格式

（1）方式 0

在方式 0 下，定时器/计数器是按 13 位加 1 计数器工作，这 13 位由 TH 中的高 8 位和 TL 中的低 5 位组成，其中 TL 中的高 3 位是不用的。

在定时器/计数器启动工作前，CPU 先要为它装入方式控制字，以设定其工作方式，然后再为它装入定时器/计数器初值，并通过指令启动其工作。13 位计数器按加 1 计数器计数，计满回零时能自动向 CPU 发出溢出中断请求，但若要它再次计数，CPU 必须在其中断服务程序中为它重装时间常数初值。

（2）方式 1

在方式 1 下，定时器/计数器是按 16 位加 1 计数器工作的，该计数器由高 8 位 TH 和低 8 位 TL 组成。定时器/计数器在方式 1 下的工作情况和方式 0 时相同，只是最大定时/计数值是方式 0 时的 8 倍。

（3）方式 2

在方式 2 下，定时器/计数器被拆成一个 8 位寄存器 TH（TH0/TH1）和另一个 8 位计数器 TL（TL0/TL1），CPU 对它们初始化时必须送相同的定时初值/计数初值。当定时器/计数器启动后，TL 按 8 位加 1 计数器计数，每当它计满回零时，一方面向 CPU 发出溢出中断请求，另一方面从 TH 中重新获得时间定时初值/计数初值并启动计数。显然，定时器/计数器在方式 2 下工作与方式 0 和方式 1 不同，在方式 0 和方式 1 下计满回零时，需要通过软件重装定时初值/计数初值，而在方式 2 下，TL 回零能自动重装 TH 中的初值。

（4）方式 3

在前三种工作方式下，T0 和 T1 的功能是完全相同的，但在方式 3 下，T0 和 T1 功能就不相同了，而且只有 T0 才能设定方式 3。此时，TH0 和 TL0 按两个独立的 8 位计数器工作，T1 只能按不需要中断的方式 2 工作。

在方式 3 下，TL0 可以设定为定时器或计数器方式工作，仍由 TR0 控制启动或停止，并采用 TF0 作为溢出中断标志；因 T0 引脚提供的外部输入计数脉冲信号在 TL0 作为计数器时使用，所以 TH0 只能设为简单的定时器方式工作，它借用 TR1 和 TF1 来控制启停和存放溢出中断标志。在这种方式下，8051 单片机有 3 个 8 位定时器/计数器，其中 TH0 和 TL0 为两个由软件重装初值的 8 位计数器，TH1 和 TL1 为自动重装初值的 8 位计数器，但无溢出中断请求产生。由于 TL1 工作于无中断请求状态，其可作为串行口可变波特率发生器。

7.1.3　定时器/计数器的初始化

使用定时器定时或计数器计数时，需要先对定时器/计数器进行设置即初始化，具体步骤如下。

① 确定工作方式，即将方式控制字写入方式寄存器 TMOD 中。

如果没有特别说明，通常门控位 GATE 取 0，其他位根据控制要求取值。若有没用到的位，都取 0。如定时器 T0 工作在方式 1，指令写为"MOV　TMOD，#01H"。

② 将计算出的定时初值/计数初值写入 TH0/TL0 或 TH1/TL1 中。

a. 计数器初值的计算。

设期望的计数值为 C，计数初值设定为 T_C，则有

$$T_C = M - C \tag{7.1}$$

式中　M——计数器模值，该值和计数器工作方式有关，$M = 2^n$；

　　　n——定时器/计数器的位数，$n = 8$、13、16。

例如，若采用计数器 T1 在方式 2 下计 100 个数，则计数初值 $T_C = 2^8 - 100 = 156 = 9CH$。指令写为

```
MOV   TH1,   #9CH
MOV   TL1,   #9CH
```

b. 定时器初值的计算。

在定时器方式下，计数脉冲由单片机主脉冲经 12 分频后得到。因此，定时器定时时间

T 为

$$T = (M - T_C) T_{计数} \qquad (7.2)$$

式中　M——含义与上式相同；

　　$T_{计数}$——单片机时钟周期 T_{OSC} 的 12 倍；

　　T_C——定时器定时初值；

　　T——期望定时时间。

例如，若采用定时器 T0 在方式 1 下定时 50ms，假设单片机主脉冲频率为 12MHz，则定时初值 $T_C = 2^{16} - T/T_{计数} = 65536 - 50000 = 15536 = 3CB0H$。指令写为

　　　　　MOV　TH0,　♯3CH

　　　　　MOV　TL0,　♯0B0H

若设 $T_C = 0$，则定时器定时时间为最大。由于 M 的值和定时器工作方式有关，因此，不同工作方式下，定时器的最大定时时间也不一样。例如，若设单片机主脉冲频率 f_{OSC} 为 12MHz，则最大定时时间如下。

　　　　　方式 0 时 $T_{max} = 2^{13} \times 1$（$\mu s$）$= 8.192$（ms）

　　　　　方式 1 时 $T_{max} = 2^{16} \times 1$（$\mu s$）$= 65.536$（ms）

　　　　　方式 2 和方式 3 时 $T_{max} = 2^{8} \times 1$（μs）$= 0.256$（ms）

③ 允许 T0/T1 中断并设定中断优先级，即对中断允许寄存器 IE 和中断优先级寄存器 IP 进行设置。

若只有一个中断源，对 IP 设置可省略。此处设置可用字节操作指令，也可用位操作指令。例如，若允许 T0 中断并设定为高优先级，指令写为

　　MOV　IE,　♯82H

　　MOV　IP,　♯02H

或使用下面位操作指令实现。

　　SETB　EA

　　SETB　ET0

　　SETB　PX0

④ 启动定时器/计数器工作，即对定时器控制寄存器 TCON 进行设置。

此处设置两种操作指令均可，一般采用位操作指令设置。例如，若启动定时器 T0，指令写为"SETB　TR0"。

假设定时器 T0 工作在方式 1，允许中断，初值为 FC18H，则初始化程序如下。

```
MOV   TMOD, ♯01H      ; 确定工作方式
MOV   TH0, ♯0FCH      ; 初值写入 TH0
MOV   TL0, ♯18H       ; 初值写入 TL0
MOV   IE, ♯82H        ; 开 T0 中断
SETB  TR0             ; 启动 T0
```

7.2　位操作指令

在 8051 单片机中，位操作指令的操作数不是字节，而是字节中的某一位（每位的值只

能是 0 或 1），故又称为布尔变量操作指令。

位操作指令的操作对象是片内 RAM 的位寻址区（即字节 20H～2FH 中的每一位）和 SFR 中可以位寻址的寄存器中的每一位。共有 17 条位操作指令，可以实现位传送、位逻辑操作、位控制转移等操作。

（1）位传送指令

位传送指令有两条，用于实现位累加器 Cy 与一般位之间的相互传送。

```
MOV   C, bit        ; Cy←（bit）
MOV   bit, C        ;（bit）←Cy
```

第一条指令的功能是把位地址 bit 中的内容传送到 PSW 中的进位标志位 Cy；第二条指令功能与此相反，是把进位标志位 Cy 中的内容传送到位地址 bit 中。

【例 7.1】 把片内 RAM 中位地址 00H 中的内容传送到位地址 7FH 中。

解 两个位地址之间不能直接传送数据，可通过位累加器 Cy 来实现传送。

```
MOV   C, 00H       ; 位地址 00H 中的值送 Cy
MOV   7FH, C       ; Cy 中的值送给位地址 7FH
```

（2）位逻辑操作指令

位逻辑操作指令包括位清 0、置 1、位取反、位逻辑与和位逻辑或，共 10 条位指令。

① 位清 0 指令。

```
CLR   C                  ; Cy←0
CLR   bit                ;（bit）←0
```

② 位置 1 指令。

```
SETB   C                 ; Cy←1
SETB   bit               ;（bit）←1
```

③ 位取反指令。

```
CPL   C                  ; Cy←$\overline{\text{Cy}}$
CPL   bit                ;（bit）←$\overline{\text{(bit)}}$
```

④ 位逻辑与指令。

```
ANL   C, bit             ; Cy←Cy∧（bit）
ANL   C, /bit            ; Cy←Cy∧$\overline{\text{(bit)}}$
```

⑤ 位逻辑或指令。

```
ORL   C, bit             ; Cy←Cy∨（bit）
ORL   C, /bit            ; Cy←Cy∨$\overline{\text{(bit)}}$
```

利用位逻辑操作指令可以实现各种各样的逻辑功能，常用于电子电路的逻辑设计。

【例 7.2】 已知逻辑表达式 $Q=U(V+W)+\overline{X\overline{Y}}+\overline{Z}$，设 U 为 P1.1，V 为 P1.2，W 为 P1.3，X 为 20H.0，Y 为 20H.1，Z 为 TF0，Q 为 P1.5。试采用位操作指令实现该逻辑表达式。

解 根据逻辑表达式可以得到如图 7.4 所示的逻辑电路图。在设计时，考虑了指令与逻辑门电路之间的关系。

程序如下。

```
MOV  C, P1.2           ; C ← V
ORL  C, P1.3           ; C ←（V+W）
```

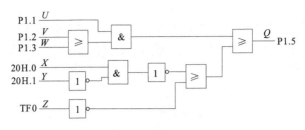

图 7.4 逻辑电路图

ANL C,P1.1	;$C \leftarrow U(V+W)$
MOV 22H.0,C	;暂存 $U(V+W)$ 的结果于 22H 单元的第 0 位
MOV C,20H.0	;$C \leftarrow X$
ANL C,/20H.1	;$C \leftarrow X\overline{Y}$
CPL C	;$C \leftarrow \overline{X\overline{Y}}$
ORL C,/TF0	;$C \leftarrow \overline{X\overline{Y}}+\overline{Z}$
ORL C,22H.0	;$C \leftarrow U(V+W)+\overline{X\overline{Y}}+\overline{Z}$
MOV P1.5,C	;输出 $U(V+W)+\overline{X\overline{Y}}+\overline{Z}$ 的结果于 P1.5

7.3 ● 定时器/计数器的应用

8051 单片机内部定时器/计数器用途广泛，当它作为定时器时，可用来对被控系统进行定时控制；当它作为计数器时，可作为分频器来产生各种不同频率的方波，或作为事故记录以及测量脉冲宽度等。

【例 7.3】 已知 8051 单片机时钟频率 f_{OSC} 为 12MHz，试利用定时器 T0 在 P1.0 引脚输出频率为 1Hz 的等宽方波连续脉冲。

解 等宽方波的高低电平持续时间相同，占空比（高电平在一个脉冲周期中所占的比例）为 0.5，1Hz 的等宽方波脉冲信号周期为 1s，因此，只需在 P1.0 引脚输出持续时间为 500ms 的高低电平交替变化的信号即可。但定时 500ms 超出了定时器的最大定时时间。为此，设计一个计数器，设定时时间为 50ms，计数器初值为 10，采用中断方式，50ms 定时时间到即申请中断，计数器减 1，重置计数初值继续计数，10 次中断后，50ms×10=500ms 时间到即可取反 P1.0 引脚的电平信号，如此重复下去，便会在 P1.0 引脚输出频率为 1Hz 的等宽方波连续脉冲。

本例 T0 工作于方式 1，定时 50ms 的初值为

$$T_C = 2^{16} - T/T_{计数} = 65536 - 50000 = 15536 = 3CB0H$$

汇编语言程序如下。

```
        ORG   0H
        AJMP  START
        ORG   000BH            ;T0 入口地址
        AJMP  INTT0
```

```
                ORG    0100H
START：MOV      SP，#60H              ;设置堆栈指针
        MOV     TMOD，#01H           ;设置 T0 工作在方式 1
        MOV     TH0，#3CH            ;装入定时初值高 8 位
        MOV     TL0，#0B0H           ;装入定时初值低 8 位
        MOV     IE，#82H             ;开 T0 中断
        MOV     R2，#10              ;设计数器初值
        SETB    TR0                  ;启动 T0
        SJMP    $                    ;等待
INTT0：MOV      TH0，#3CH            ;重装定时初值高 8 位
        MOV     TL0，#0B0H           ;重装定时初值低 8 位
        DJNZ    R2，NEXT             ;500ms 定时时间未到,则 NEXT
        CPL     P1.0                 ;500ms 定时时间到,取反 P1.0
        MOV     R2，#10              ;重置计数器初值
NEXT：RETI                           ;T0 中断返回
        END
```

C51 语言程序如下。

```
#include <reg52.h>                 //包含特殊功能寄存器库
sbit   P1_0=P1^0;
char   i;
void   main()
{
TMOD=0x01;
TH0=0x3c；TL0=0xb0;
EA=1；ET0=1;
i=0;
TR0=1;
while(1);                          //等待
}
void   time0_int(void)   interrupt 1 //T0 中断服务程序
{
TH0=0x3c；TL0=0xb0;
i++；
if (i==10)  { P1_0=! P1_0；i=0; }
}
```

【例 7.4】 已知 8051 单片机的时钟频率 f_{OSC} 为 12MHz，利用定时器 T0 在 P1.7 引脚产生周期为 100ms 的计数脉冲信号，使指示灯以 2s 为间隔闪烁。电路如图 7.5 所示。

解 定时器 T0 工作在方式 1，产生 50ms 定时。在 P1.7 引脚输出 T1 的计数脉冲信号。计数器 T1 工作在方式 2，计满 20 个数后 [即 $20×100=2(s)$] 取反 P1.0，使发光二极管每间隔 2s 亮灭切换一次。程序流程如图 7.6 所示。

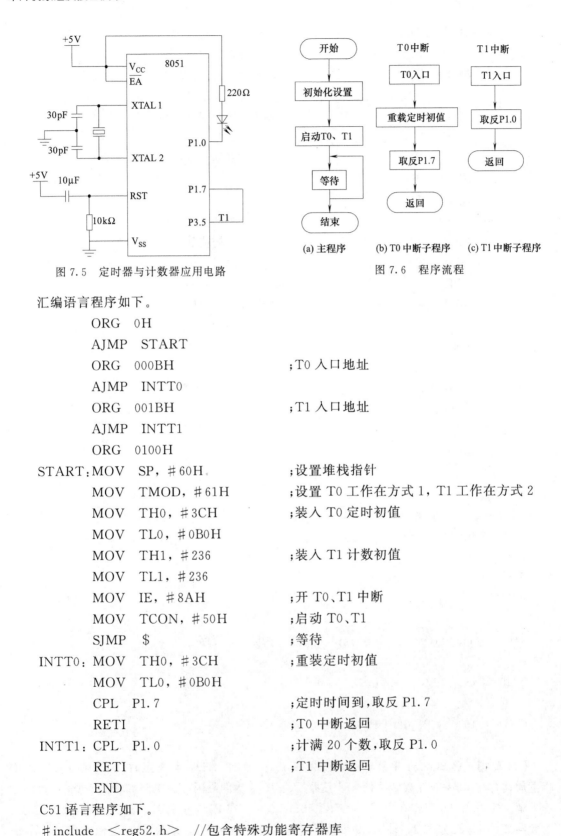

图 7.5　定时器与计数器应用电路

(a) 主程序　　(b) T0 中断子程序　　(c) T1 中断子程序

图 7.6　程序流程

汇编语言程序如下。

```
         ORG   0H
         AJMP  START
         ORG   000BH          ;T0 入口地址
         AJMP  INTT0
         ORG   001BH          ;T1 入口地址
         AJMP  INTT1
         ORG   0100H
START:   MOV   SP，#60H        ;设置堆栈指针
         MOV   TMOD，#61H      ;设置 T0 工作在方式 1，T1 工作在方式 2
         MOV   TH0，#3CH       ;装入 T0 定时初值
         MOV   TL0，#0B0H
         MOV   TH1，#236       ;装入 T1 计数初值
         MOV   TL1，#236
         MOV   IE，#8AH        ;开 T0、T1 中断
         MOV   TCON，#50H      ;启动 T0、T1
         SJMP  $              ;等待
INTT0：  MOV   TH0，#3CH       ;重装定时初值
         MOV   TL0，#0B0H
         CPL   P1.7           ;定时时间到,取反 P1.7
         RETI                 ;T0 中断返回
INTT1：  CPL   P1.0           ;计满 20 个数,取反 P1.0
         RETI                 ;T1 中断返回
         END
```

C51 语言程序如下。

```
#include  <reg52.h>   //包含特殊功能寄存器库
sbit  P1_0＝P1^0;
```

```
sbit   P1_7=P1^7;
void   main()
{
TMOD=0x61;                        //T0 方式 1，T1 方式 2
TH0=0x3c；TL0=0xb0;               //T0 定时初值
TH1=0xec；TL1=0xec;               //T1 计数初值
IE=0x8a;                          //开 T0、T1 中断
TCON=0x50;                        //启动 T0、T1
while(1);                         //等待
}
void   time0_int(void)   interrupt 1   //T0 中断服务程序
  {
     TH0=0x3c；TL0=0xb0;
     P1_7=! P1_7;
  }
void   time1_int(void)   interrupt 3   //T1 中断服务程序
     { P1_0=! P1_0; }
```

【例 7.5】 已知一个方波信号的频率为 4MHz，试对该信号进行分频以获得 500kHz 的方波信号。

解 计数器 T1 工作在方式 2，频率为 4MHz 的方波信号作为计数脉冲从 P3.5 引脚输入，分频信号从 P1.0 引脚输出，每计数 4 次，改变 1 次 P1.0 引脚输出状态。信号分频原理如图 7.7 所示。

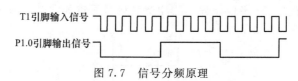

图 7.7　信号分频原理

汇编语言程序如下。

```
        ORG   0H
        AJMP   START
        ORG   001BH           ;T1 入口地址
        AJMP   INTT1
        ORG   0100H
START：  MOV   SP，#60H        ;设置堆栈指针
        MOV   TMOD，#60H       ;设置 T1 工作在方式 2
        MOV   TH1，#252        ;装入 T1 计数初值
        MOV   TL1，#252
        MOV   IE，#88H         ;开 T1 中断
        SETB   TR1            ;启动 T1
        SJMP   $              ;等待
```

```
INTT1:    CPL    P1.0              ;计满 4 个数,取反 P1.0
          RETI                     ;T1 中断返回
          END
```

C51 语言程序如下。

```
#include  <reg52.h>                //包含特殊功能寄存器库
sbit   P1_0=P1^0;
void   main()
{
TMOD=0x60;                         //T1 方式 2
TH1=0xfc; TL1=0xfc;                //T1 计数初值
IE=0x88;                           //开 T1 中断
TR1=1;                             //启动 T1
while(1);                          //等待
}
void   time1_int(void)   interrupt 3    //T1 中断服务程序
  { P1_0=! P1_0; }
```

【例7.6】 已知 8051 单片机时钟频率 f_{OSC} 为 12MHz,利用定时器 T0 测量 $\overline{INT0}$ 引脚上出现的正脉冲宽度 (不超过 65.535ms),将所测得值高 8 位存入片内 71H,低 8 位存入片内 70H。

解 定时器方式控制寄存器 TMOD 中的 GATE 位为 1 时,由定时器控制逻辑图 7.2 可知,8051 单片机的定时器启动和停止受外部信号控制。T0 受 $\overline{INT0}$ 控制,T1 受 $\overline{INT1}$ 控制。当 $\overline{INT0}$ 引脚上出现正脉冲 (即 $\overline{INT0}$=1) 时,T0 启动计数;当 $\overline{INT0}$ 引脚上出现负脉冲 (即 $\overline{INT0}$=0) 时,T0 停止计数。脉冲宽度测量原理如图 7.8 所示。

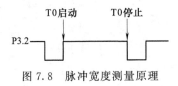

图 7.8　脉冲宽度测量原理

汇编语言程序如下。

```
          ORG  0H
          AJMP  START
          ORG  0100H
START:    MOV   TMOD, #09H         ;设置 T0 工作在方式 1, GATE=1
          MOV   TH0, #00H          ;装入 T0 计数初值
          MOV   TL0, #00H
          MOV   R0, #70H
WAIT:     JB    P3.2,WAIT          ;等待 P3.2 变低
          SETB  TR0                ;启动 T0
WAIT1:    JNB   P3.2,WAIT1         ;等待 P3.2 变高
WAIT2:    JB    P3.2,WAIT2         ;开始计数,等待 P3.2 再次变低
```

```
        CLR    TR0                  ;停止计数
        MOV    @R0,TL0              ;存放计数值低 8 位
        INC    R0
        MOV    @R0,TH0              ;存放计数值高 8 位
        END
```

C51 语言程序如下。

```
#include   <reg52.h>          //包含特殊功能寄存器库
data char widthh _at_ 0x71;
data char widthl _at_ 0x70;
sbit   pulse=P3^2;
void   main()
{
TMOD=0x09;                   //T0 模式 1,GATE=1
TH0=0; TL0=0;
while(pulse==1);             //等待 P3.2 变低
TR0=1;                       //启动 T0
while(pulse==0);             //等待脉冲变高
while(pulse==1);             //等待脉冲变低
  { TR0=0;                   //关闭 T0,停止计数
widthh=TH0; widthl=TL0;      //取计数值
  }
}
```

习题与思考题

7.1 8051 单片机内部有两个可编程的定时器/计数器 T0 和 T1,它们各由什么特殊功能寄存器拼装构成?

7.2 8051 单片机定时器/计数器有几种工作方式? 各有什么特点?

7.3 8051 单片机定时器/计数器初始化步骤是什么? 定时器/计数器初值怎样计算?

7.4 设 M、N 和 W 都代表位地址,试编程实现 M、N 中内容的异或运算操作。

7.5 【例 7.3】中,若利用定时器 T0 在 P1.0 引脚输出周期为 3ms 的矩形波,应如何编写程序? 要求占空比为 1∶3（高电平时间短）。

7.6 已知系统晶振频率为 6MHz,电路如图 7.5 所示,试利用定时器/计数器产生 1s 的定时,使 P1.0 引脚接的指示灯以 1s 间隔闪烁。

7.7 已知一个方波信号的频率为 100kHz,试对该信号进行分频,以获得 10kHz 的方波信号。

第8章 ▶▶

8051单片机与A/D、D/A接口电路应用

温度、电压和电流这类信号在日常生活中比较常见，它们具有随时间连续变化的特性。在控制系统中，我们把这类信号称为模拟量（analogue）。

日常生活中除模拟量以外，还有一类如开关状态、设备启停这种仅有两个状态的信号。在控制系统中，我们把这类信号称为开关量。由几个开关量构成的信号称为数字量（digital）。

计算机只能处理数字量。如果要用计算机实现对模拟量的测量，必须先将模拟量转换成数字量。将模拟量转换为数字量的过程称为 A/D（analogue/digital）转换，完成这一转换的器件称为 A/D 转换器，ADC（Analogue Digital Converter）是 A/D 转换器的简称。

需要计算机控制模拟量时，往往也需要将数字量转换成模拟量。将数字量转换为模拟量的过程称为 D/A（digital/analogue）转换，完成这一转换的器件称为 D/A 转换器，DAC（Digital Analogue Converter）是 D/A 转换器的简称。

如果微型计算机既能测量模拟量，又能控制模拟量，那么就可以构建微型计算机控制系统。控制系统的原理如图 8.1 所示。

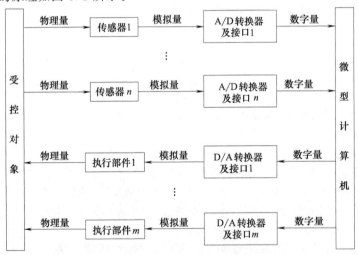

图 8.1　控制系统的原理

8.1 ◐ A/D 转换原理

8.1.1　A/D 转换器的工作原理

A/D 转换器的作用是将模拟量转换为数字量。A/D 转换的方法很多，有逐次逼近法、

双积分法和电压频率转换法等。下面先介绍逐次逼近法原理。

逐次逼近法 A/D 转换器原理通过图 8.2 简要说明。控制电路从启动输入端收到 CPU 送来的启动脉冲而开始工作。控制电路工作后便使 N 位寄存器中最高位置 "1" 和其余位清零，N 位 D/A 转换网络根据 N 位寄存器中的内容产生 V_S 电压，其值为满量程 V 的一半，并送入比较器进行比较。

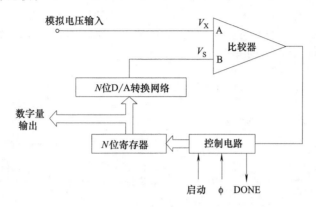

图 8.2 逐次逼近法 A/D 转换器原理

若 $V_X > V_S$，则比较器输出逻辑 "1"，通过控制电路使 N 位寄存器中最高位的 "1" 保留，表示输入模拟电压 V_X 比满量程一半还大。

若 $V_X < V_S$，则比较器通过控制电路使 N 位寄存器的最高位复位，表示 V_X 比满量程一半还小。这样，A/D 转换的最高位数字量就形成了。同理，控制电路依次对 $N-1$，$N-2$，…，$N-(N-1)$ 位重复上述过程，就可使 N 位寄存器中得到和模拟电压 V_X 相对应的数字量。控制电路在 A/D 转换完成后还自动使 DONE 变为高电平。

双积分式 A/D 转换器的主要优点是转换精度高，抗干扰性能好，价格便宜，但转换速度较慢。它采用的是间接 A/D 转换技术，首先将模拟电压转换成积分时间，然后用数字脉冲计时方法转换成计数脉冲数，最后将表示输入模拟电压大小的脉冲数转换成二进制或 BCD 码输出，因此双积分式 A/D 转换器转换时间较长，一般为 40～50ms，其工作原理如图 8.3 所示。

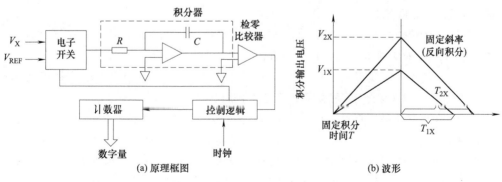

(a) 原理框图   (b) 波形

图 8.3 双积分式 A/D 转换器原理

图 8.3 中给出 V_{1X}、V_{2X} 两种输入电压的情况。其工作原理如下：先对待转换的输入模拟电压 V_X 进行固定时间的第一次积分，然后转向标准电压进行固定斜率的第二次反向积

分，直至积分输出至零。对应标准电压积分的时间 T 正比于模拟输入电压 V_X，待转换的输入电压 V_X 越大，则反向积分时间越长，在此期间对高频率标准时钟脉冲进行计数的时间就越长，于是得到对应输入模拟电压的数字量也就越大。

采用双积分法的 A/D 转换器由电子开关、积分器、比较器和控制逻辑等部件组成。

电压频率转换法的工作原理：电压频率（V/F）转换电路把输入的模拟电压转换成与模拟电压成正比的脉冲信号。这种模/数转换器由电压频率转换器（Voltage Frequency Converter，VFC）、计数器、控制门及一个具有恒定时间的时钟控制单元组成。图 8.4 示出电压频率式 A/D 转换器的原理框图和信号波形图。

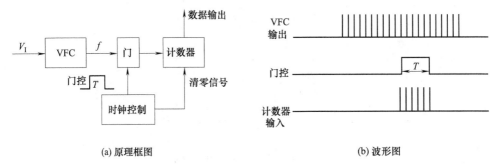

(a) 原理框图　　　　　　　　　　　　　　(b) 波形图

图 8.4　电压频率式 A/D 转换器原理

工作过程：当模拟电压 V_I 加至 VFC 的输入端后，便产生频率 f 与 V_I 成正比的脉冲。该脉冲通过由时钟控制的门，在单位时间 T 内由计数器计数。计数器在每次计数开始时，原来的计数值被清零。这样，每个单位时间内，计数器的计数值就正比于输入电压 V_I，从而完成 A/D 变换。当 VFC 的满度频率已知时，A/D 转换周期为

$$T = \frac{N}{f} \tag{8.1}$$

式中　N——A/D 转换器最大输出计数值；

　　　f——VFC 的满度频率。

VFC 与控制器结合起来，可方便地构成多位高精度的 A/D 转换器，具有以下特点。

① VFC 价格不高。用它构成的 A/D 转换器，在零点漂移及非线性误差等方面，性能均优于逐次逼近式 A/D 转换器。

② VFC 输出频率为 f 的脉冲信号，只需要两根传输线就可进行传送。用这种方式对生产现场的信号进行采样和远距离传输都很方便，且传输过程中的抗干扰能力强。

③ VFC 的输入量为模拟信号 V_I，输出的是脉冲信号，只需采用光耦合器传输脉冲信号，便可实现模拟输入信号 V_I 和计算机系统之间的隔离。

④ VFC 的工作过程具有积分特性，进行 A/D 转换器时，对噪声具有良好的滤波作用。因此，采用 VFC 进行 A/D 转换时，其输入信号的滤波环节可简化。

采用 VFC 构成 A/D 转换器的缺点是转换速度较慢。可采用以下措施克服这一缺点。

① 采用高频 VFC。若采用 5MHz 的 VFC 构成 10 位 A/D 转换器，则最大转换时间只需 $200\mu s$，这就进入了中速 A/D 转换的行列。

② 在多微机系统中，利用单片机与 VFC 构成 A/D 转换器。由于多机同时工作，同一时间内，系统可实现多功能的控制运算，这就解决了速度较慢的问题。

8.1.2 A/D 转换器的主要技术指标

A/D 转换器的技术指标是选用 A/D 转换器的主要依据。其技术指标主要有转换精度和转换速度等。转换精度常用分辨率和转换误差表示。

(1) 分辨率

分辨率是单位数字量变化对应输入模拟量的变化量，也就是 A/D 转换器能够分辨最小信号的能力，常用输出的二进制位数来表示。如果 A/D 转换器要转换的模拟量电压范围是 $0\sim10V$，而最大数字量是 2^n-1，n 是 A/D 转换器输出的二进制位数，则分辨率就是 $10V/(2^n-1)$。

常见的 A/D 转换器有 8 位、10 位、12 位、14 位和 16 位等。一般把 8 位以下的 ADC 器件归为低分辨率 ADC 器件；$9\sim12$ 位的 ADC 器件称为中分辨率 ADC 器件；13 位以上的 ADC 器件称为高分辨率 ADC 器件。

(2) 转换精度

ADC 的转换精度由模拟误差和数字误差决定。模拟误差是比较器、解码网络中电阻值以及基准电压波动等引起的误差。数字误差主要包括丢失码误差和量化误差。前者属于非固定误差，由器件质量决定；后者和 ADC 输出数字量位数有关，位数越多，误差越小。

在 A/D 转换过程中，模拟量是一种连续变化的量，数字量是断续的量。因此，A/D 转换器位数固定以后，并不会对所有模拟电压都能用数字量精确表示。例如，假定 3 位二进制 A/D 转换器的满量程值 V_{FS} 为 7V，即输入模拟电压可以在 $0\sim7V$ 之间连续变化，但 3 位数字量只能有 8 种组合。如果模拟输入电压为 0V、1V、2V、3V、4V、5V、6V 和 7V，三位数字量恰好能精确表示，不会出现量化误差。如果输入模拟电压为上述以外其他值，就会产生量化误差，若输入模拟电压为 0.5V、1.5V、2.5V、3.5V、4.5V、5.5V 和 6.5V 时，量化误差最大，应当是 0.5V，故量化误差的定义是分辨率之半，其计算公式为

$$Q=\frac{V_{FS}}{(2^n-1)\times2} \tag{8.2}$$

(3) 转换速度

转换速度是 A/D 转换器完成一次转换所需要的时间的倒数，转换时间是从启动 A/D 转换器时起，到输出端输出稳定的数字信号时所需的时间。这是一个很重要的指标。ADC 型号不同，转换速度差别很大。通常，8 位逐次逼近式 ADC 的转换时间为 $100\mu s$ 左右。

8.1.3 A/D 转换器 ADC0809

ADC0809 由美国国家半导体（National Semiconductor，NS）公司生产，是一种比较典型的 A/D 转换器芯片。它采用逐次逼近方法进行 A/D 转换，是 8 位 8 通道的 A/D 转换器，当外部时钟输入频率 $f_{OSC}=640kHz$ 时，转换时间在 $100\mu s$ 左右。它用 +5V 单电源供电，此时量程为 $0\sim5V$，有 28 个引脚，其引脚如图 8.5 所示。

ADC0809 由一个 8 位 A/D 转换器、一个 8 路模拟量开关、一个 8 路模拟量地址锁存器/译码器和一个三态输出锁存器组成，其内部结构原理如图 8.6 所示。

ADC0809 各引脚及功能见表 8.1。

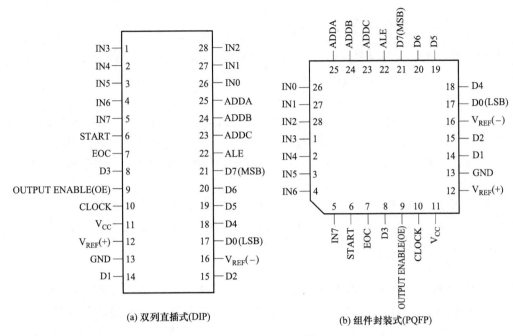

图 8.5　ADC0809 引脚

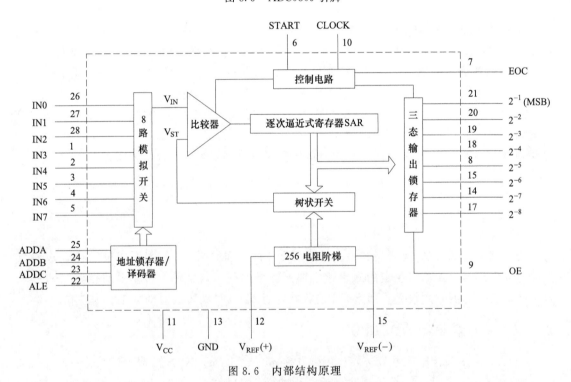

图 8.6　内部结构原理

表 8.1　ADC0809 各引脚及功能

引脚号	引脚名称	功能
23~25	ADDA、ADDB、ADDC	转换通道地址，具体见表 8.2
22	ALE	地址锁存允许信号，高电平有效 当 ALE 为高电平时，通道地址输入地址锁存器中，下降沿将地址锁存并译码

引脚号	引脚名称	功能
26~28,1~5	IN0~IN7	8 路模拟量开关输入端
8,14,15,17~21	D0~D7	8 位数字量输出端口
6	START	A/D 转换启动信号输入端 在 START 上升沿,所有内部寄存器清 0 在 START 下降沿,开始进行 A/D 转换 转换期间,START 应保持低电平
7	EOC	转换结束信号,高电平有效 在 START 下降沿后 $10\mu s$ 左右,转换结束信号 EOC 变为低电平,表示正在转换 EOC 变为高电平时,表示转换结束
9	OE	输出允许控制信号,高电平有效 OE 控制三态数据输出锁存器输出数据 OE=0,输出数据端口线为高阻状态 OE=1,允许转换结果输出
10	CLOCK	时钟信号输入端 ADC0809 内部没有时钟电路,需外部提供时钟信号,CLOCK 为时钟信号输入端
12	$V_{REF}(+)$	参考电源的正端
16	$V_{REF}(-)$	参考电源的负端
11	V_{CC}	电源正端
13	GND	地

各输入通道地址如表 8.2 所示。

表 8.2 输入通道地址

序号	通道名	ADDC	ADDB	ADDA
1	IN0	0	0	0
2	IN1	0	0	1
3	IN2	0	1	0
4	IN3	0	1	1
5	IN4	1	0	0
6	IN5	1	0	1
7	IN6	1	1	0
8	IN7	1	1	1

ADC0809 的读写时序见图 8.7。图中,t_{WS} 为最小启动脉冲宽度,t_{WE} 为最小 ALE 脉冲宽度,t_D 为模拟开关延时时间,t_{EOC} 为 EOC 延时时间,t_C 为转换时间。

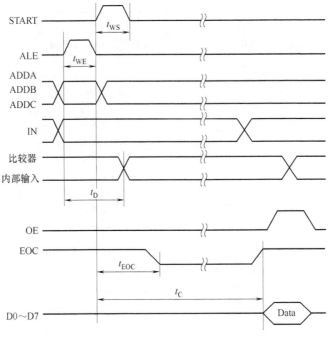

图 8.7　ADC0809 的读写时序

8.2 ⊙ D/A 转换原理

8.2.1　D/A 转换器的主要技术指标

D/A 转换器的性能指标是选用 D/A 转换器的主要依据，其指标主要有转换精度和转换速度。转换精度又可用分辨率、转换误差和线性误差表示。

（1）分辨率

LSB（Least Significant Bit）表示输入数字量的最低有效位，分辨率是 LSB 变化一个字所引起的输出电压变化值相对于满刻度值的百分比。一个 n 位 D/A 转换器满刻度值为 2^n-1，因此，分辨率为 $1/(2^n-1)$。例如，10 位 D/A 转换器的分辨率 $1/(2^{10}-1)=1/1023\approx0.1\%$。人们常用位数 n 表示分辨率。例如，DAC0832 的分辨率是 8 位，DAC1200 的分辨率是 12 位。

（2）转换误差

转换误差分为绝对误差和相对误差。对于某个输入数字，实测输出值与理论输出值之差称为绝对误差，实测输出值与理论输出值之差与满刻度值之比称为相对误差，或称相对精度。D/A 转换器的输出电压值，会随基准电压变化，因此，绝对误差一般用 LSB 的倍数表示，如 0.5LSB 和 2LSB 等。当绝对误差是 1LSB 时，表示 D/A 转换器产生的绝对误差相当于输入数字最低位变化一个单位量所引起的理论输出值变化。

（3）线性误差

D/A 转换器的输出在理论上应该与输入数字量严格呈线性关系，但实际上会产生误差，这就是线性误差。线性误差就是转换误差。人们常用 LSB 的倍数表示线性误差，或用满刻度的百分数表示。D/A 转换器的转换误差，主要由基准电压 V_{REF} 的精度、运算放大器的零点漂移、模拟开关的导通电阻差异和电阻值偏差等引起。

（4）转换速度

D/A 转换速度，也称转换时间或建立时间，是 D/A 转换器的一个重要参数，主要由 D/A 转换器的延迟时间和运算放大器的电压变化速率决定。D/A 转换器的转换时间是指从输入数字量发生变化时开始，到输出进入稳态值 $-0.5 \sim +0.5$LSB 范围之内所需要的时间。若输出形式是电流的，不含运算放大器的 D/A 转换器的转换时间，一般小于 100ns；若输出形式是电压的，包含运算放大器的 D/A 转换器的转换时间，一般小于 $1.5\mu s$。

由于一般线性差分运算放大器的动态响应速度较慢，D/A 转换器的内部都带有输出运算放大器或者外接输出放大器的电路，因此其建立时间较长。

D/A 转换器的性能指标除上述主要指标以外，还包括以下几个指标。

（1）温度系数

在满刻度输出的条件下，器件温度每升高 1℃输出变化的百分数定义为温度系数。

（2）电源抑制比

对于高质量的 D/A 转换器，要求开关电路及运算放大器所用的电源电压发生变化时，对输出电压影响极小。通常把满量程电压变化的百分数与电源电压变化的百分数之比称为电源抑制比。

（3）工作温度范围

一般情况下，影响 D/A 转换精度的主要环境和工作条件因素是温度和电源电压变化。由于工作温度会对运算放大器加权电阻网络等产生影响，所以只有在一定的工作温度范围内才能保证额定精度指标。较好的 D/A 转换器的工作温度范围为 $-40 \sim 85℃$，较差的 D/A 转换器的工作温度范围为 $0 \sim 70℃$。多数器件的静、动态指标均在 25℃的工作温度下测得。工作温度对各项精度指标的影响用温度系数来描述，如失调温度系数、增益温度系数、微分线性误差温度系数等。

（4）失调误差（或称零点误差）

失调误差定义为数字输入全为 0 码时，其模拟输出值与理想输出值的偏差值。对于单极性 D/A 转换，模拟输出的理想值为 0V 点。对于双极性 D/A 转换，理想值为负域满量程。偏差值的大小一般用 LSB 的倍数或用偏差值相对满量程的百分数来表示。

（5）增益误差（或称标度误差）

D/A 转换器的输入与输出传递特性曲线的斜率称为 D/A 转换增益或标度系数，实际转换的增益与理想增益之间的偏差称为增益误差。增益误差由在消除失调误差后用满码（全 1）输入时其输出值与理想输出值（满量程）之间的偏差表示，一般也用 LSB 的倍数或用偏差值相对满量程的百分数来表示。

（6）非线性误差

D/A 转换器的非线性误差定义为实际转换特性曲线与理想特性曲线之间的最大偏差，并以该偏差相对于满量程的百分数度量。在 D/A 转换器电路设计中，一般要求非线性误差不大于 $\pm 1/2$LSB。

（7）接口形式

接口形式包括输入数字量是十六进制形式还是 BCD 形式等，以及输入是否带锁存器等。

8.2.2　D/A 转换器的工作原理

实现数字量转换成模拟量的器件称为数模转换器（Digital Analogue Converter，DAC），简称 D/A 转换器。DAC 通常由电阻网络、数控开关和运算放大器组成。

根据电阻网络结构的不同，D/A 转换器可以分为 T 形 R-2R 电阻网络 DAC、倒 T 形 R-2R 电阻网络 DAC、权电阻网络 DAC 和权电流 DAC 等类型。

根据数控开关的种类不同，D/A 转换器可以分为 CMOS 型和双极型。双极型又分为电流开关型和发射极耦合逻辑电路（ECL）电流开关型。

下面通过 T 形 R-2R 电阻网络 DAC 简单介绍其原理。

图 8.8 是一个 4 位 D/A 转换器的原理电路。可以看出，它是由串联电阻 R 和并联电阻 2R 组成的电阻网络、由 b3～b0 控制的四个双位开关 S3～S0 以及一个运算放大器组成。

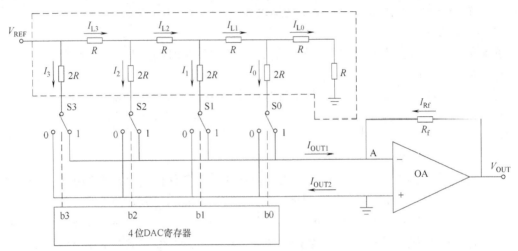

图 8.8　D/A 转换原理

根据运算放大器的虚地原理，反相输入端 A 的电位为 0（A 点为虚地），当 b_i＝1 时，Si 接运算放大器反相输入端（虚地），电流 I_i 流入求和电路；当 b_i＝0 时，Si 将电阻 2R 接地。所以，无论 Si 处于哪个位置，与 Si 相连的 2R 电阻均接"地"（地或虚地）。从某一端口（与 Si 对应的电阻 2R 的两端）向右看，对地电阻都为 R，每一端口都可以看作两路分流，所以，越往右（b3→b0）电流越小。

每个支路（I_i 和 I_{Li}）的对地的电阻值都是 2R。流过并联支路和串联支路的电流相等。若从参考电源 V_{REF} 流出的电流为 $I＝V_{REF}/R$，则流过两个支路（I_3 和 I_{L3}）的电流均为 $I/2$。依此类推得：

$$I_3 = \frac{V_{REF}}{2R} = 2^3 \frac{V_{REF}}{2^4 R}$$

$$I_2 = \frac{V_{REF}}{4R} = 2^2 \frac{V_{REF}}{2^4 R}$$

$$I_1 = \frac{V_{REF}}{8R} = 2^1 \frac{V_{REF}}{2^4 R}$$ (8.3)

$$I_0 = \frac{V_{REF}}{16R} = 2^0 \frac{V_{REF}}{2^4 R}$$

流入运算放大器反相端的总电流 I_Σ 为

$$I_\Sigma = b_3 I_3 + b_2 I_2 + b_1 I_1 + b_0 I_0 = \frac{V_{\text{REF}}}{R}\left(\frac{1}{2^1}b_3 + \frac{1}{2^2}b_2 + \frac{1}{2^3}b_1 + \frac{1}{2^4}b_0\right) \tag{8.4}$$

运算放大器的输出电压为

$$V_{\text{OUT}} = -R_f I_\Sigma = -\frac{R_f V_{\text{REF}}}{2^4 R}(b_3 \times 2^3 + b_2 \times 2^2 + b_1 \times 2^1 + b_0 \times 2^0) \tag{8.5}$$

根据式（8.5）可以计算出二进制码与模拟量之间的对应关系，表 8.3 所示的数字量与模拟量对应关系，给出 4 位二进制码与 $-1\sim 0\text{V}$ 之间模拟电压的对应值。

表 8.3 数字量与模拟量对应关系

$b_3 b_2 b_1 b_0$	V_{REF}/V	$R/\text{k}\Omega$	$R_f/\text{k}\Omega$	I_Σ/mA	u_0/V
0 0 0 0	1	5	5	0	0
0 0 0 1	1	5	5	0.0125	-0.0625
0 1 1 1	1	5	5	0.0875	-0.4375
1 1 1 0	1	5	5	0.175	-0.875
1 1 1 1	1	5	5	0.1875	-0.9375

将数码推广到 n 位的情况，可得出输入数字量与输出模拟量之间的一般表达式：

$$V_{\text{OUT}} = -R_f I_{\text{REF}} = -\frac{V_{\text{REF}} R_f}{2^n R}(D_{n-1} \times 2^{n-1} + D_{n-2} \times 2^{n-2} + \cdots + D_0 \times 2^0) \tag{8.6}$$

式（8.6）括号内为 n 位二进制数对应的十进制数值，可用 N_B 表示。如果使式中 $R_f = R$，则式（8.6）可以改写为

$$V_{\text{OUT}} = -\frac{V_{\text{REF}}}{2^n} N_B \tag{8.7}$$

8.2.3 D/A 转换器 DAC0832

常用的 D/A 转换器芯片有 DAC0832（8 位）、DAC1200（12 位）等。本节介绍 D/A 转换器 DAC0832 的结构及其与 MCS-51 系列单片机的接口方式。

DAC0832 是美国国家半导体（NS）公司生产的 DAC0830 系列（DAC0830/32）产品中

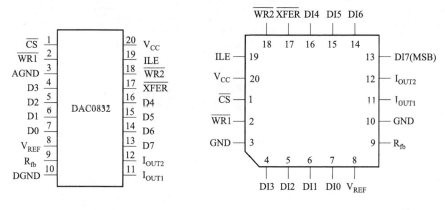

(a) 双列直插式(DIP)　　　　(b) 组件封装式(PQFP)

图 8.9 DAC0832 引脚图

的一种，是 8 位 D/A 转换芯片。DAC0832 是带有两级数据输入缓冲器/锁存器的 8 位 D/A 转换器。DAC0832 用单电源供电，供电范围为＋5～＋15V，基准电压范围为－10～＋10V，CMOS 工艺，功耗 20mW。DAC0832 有 20 个引脚，其引脚如图 8.9 所示。

DAC0832 结构原理如图 8.10 所示。

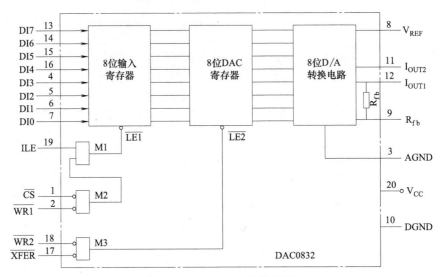

图 8.10　DAC0832 结构原理

DAC0832 各引脚的功能如表 8.4 所示。

表 8.4　DAC0832 各引脚的功能

引脚号	引脚名称	功能
1	$\overline{CS}$	输入寄存器选通信号,低电平有效
2	$\overline{WR1}$	输入寄存器写选通信号,低电平有效
3	AGND	模拟地
4～7, 13～16	DI0～DI7	8 位数据输入寄存器
8	V_{REF}	基准电压,范围是－10～＋10V
9	R_{fb}	反馈信号输入,内部接反馈电阻,外部通过该引脚接运放输出端
10	DGND	数字地
11,12	I_{OUT1}、I_{OUT2}	电流输出端
17	$\overline{XFER}$	数据传送信号,低电平有效
18	$\overline{WR2}$	DAC 寄存器写选通信号,低电平有效
19	ILE	数据锁存允许信号,高电平有效 $\overline{LE1}$:输入寄存器选通信号 当 $\overline{LE1}$＝0 时,输入寄存器状态随输入数据状态而变化 当 $\overline{LE1}$＝1 时,锁存输入数据 输入寄存器状态由 ILE、$\overline{CS}$、$\overline{WR1}$ 共同决定,逻辑表达式为 $\overline{LE1}$＝$WR1\cdot\overline{CS}\cdot ILE$ $\overline{LE2}$:DAC 寄存器选通信号 当 $\overline{LE2}$＝0 时,输入寄存器的内容进入 DAC 寄存器 当 $\overline{LE2}$＝1 时,输入寄存器的内容不能进入 DAC 寄存器 DAC 寄存器的状态由 $\overline{XFER}$ 和 $\overline{WR2}$ 共同决定,其逻辑表达式为 $\overline{LE2}$＝$\overline{XFER}\cdot\overline{WR2}$
20	V_{CC}	工作电源

DAC0832 是电流输出型 D/A 转换器，通过运算放大器，可将电流信号转换为单端电压信号输出。

DAC0832 具有数字量的输入锁存功能，可以和单片机的 P0 口直接相连。

MCS-51 系列单片机与 DAC0832 的接口有直通方式、单缓冲器方式和双缓冲器方式 3 种连接方式。

（1）直通方式——5 个控制引脚全部有效

图 8.11 所示为直通方式的连接方法，输入 DAC0832 DI0～DI7 的数据不经控制直达 8 位 D/A 转换电路。当某一根地线或地址译码器的输出线使 DAC0832 的 $\overline{CS}$ 脚有效（低电平）或 $\overline{CS}$ 与 $\overline{WR1}$ 直接接地时，数据线上的数据字节直通 D/A 转换电路转换并输出。

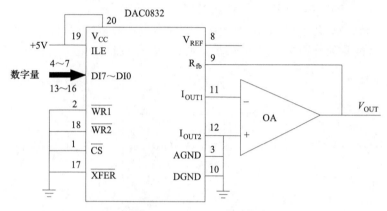

图 8.11　DAC0832 直通方式

（2）单缓冲器方式——只控制第 1 道门

DAC0832 输入寄存器和 DAC 寄存器均用 P2.7 选通，共用一个端口地址，当数据写入输入寄存器后，同时也写入 DAC 寄存器，所以称为单缓冲器方式。

$\overline{WR2}$ 和 $\overline{XFER}$ 始终有效，数字量一进入输入寄存器，立刻就送去进行 D/A 转换。

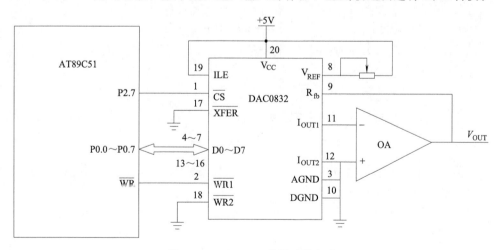

图 8.12　DAC0832 单缓冲器方式

在图 8.12 中，DAC0832 的地址为 7FFFH，则执行下列指令就可以将一个数字量转换为模拟量：

```
MOV   DPTR，  ♯7FFFH          ；端口地址送 DPTR
MOV   A，      ♯data          ；8 位数字量送累加器 A
MOVX  @DPTR，  A              ；向 DAC0832 送数字量，启动转换
```

（3）双缓冲器方式——两道门分别控制

采用双缓冲器连接方式时，DAC0832 的数字量输入锁存和 D/A 转换输出分两步完成。首先，将数字量输入各路 D/A 转换器的输入寄存器，然后，控制各路 D/A 转换器，使各路 D/A 转换器输入寄存器中的数据进入 DAC 寄存器，并转换输出。所以，在这种工作方式下，DAC0832 占用两个 I/O 地址——输入寄存器和 DAC 寄存器各占一个 I/O 地址。

双缓冲器方式的转换需要两个步骤：

① 令 $\overline{CS}$=0，$\overline{WR1}$=0，ILE=1，将数据写入输入寄存器；

② 令 $\overline{WR2}$=0，$\overline{XFER}$=0，将输入寄存器的内容写入 DAC 寄存器，开始 D/A 转换。

根据图 8.13 所示硬件连接，可得各端口地址，如表 8.5 所示。

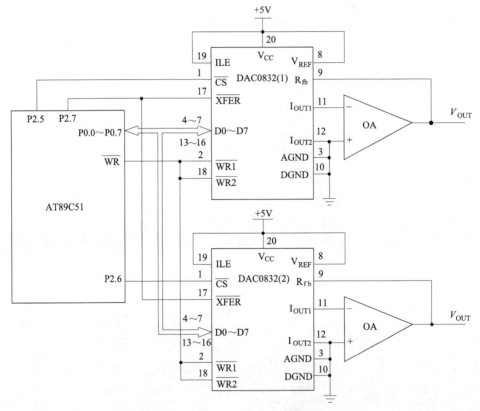

图 8.13　DAC0832 双缓冲器方式

表 8.5　DAC0832 端口地址

DAC	P2.7~P2.4　P2.3~P2.0	P0.7~P0.4　P0.3~P0.0	端口地址
DAC0832(1)	110×　×××× 011×　××××	××××　×××× ××××　××××	$\overline{CS}$ 端口 =DFFFH $\overline{XFER}$ 端口 =7FFFH
DAC0832(2)	101×　×××× 011×　××××	××××　×××× ××××　××××	$\overline{CS}$ 端口 =BFFFH $\overline{XFER}$ 端口 =7FFFH

DAC0832 双缓冲方式接口程序如下。

MOV	DPTR,#0DFFFH	;指针指向 DAC0832(1)输入寄存器
MOV	A,R1	;方向数据 X 送入 A
MOVX	@DPTR,A	;将 X 写入 DAC0832(1)数据输入寄存器
MOV	DPTR,#0BFFFH	;指针指向 DAC0832(2)输入寄存器
MOV	A,R2	;方向数据 Y 送入 A
MOVX	@DPTR,A	;将 Y 写入 DAC0832(2)数据输入寄存器
MOV	DPTR,#7FFFH	;指针指向两片 DAC0832 的 DAC 寄存器
MOVX	@DPTR,A	;两片 DAC 同时启动转换,同步输出

8.3 ◎ 8051 单片机与 A/D、 D/A 接口电路应用

8.3.1 8051 单片机与 A/D 接口电路应用

（1）A/D 转换器 ADC0809 接口电路应用

ADC0809 与 AT89C51 接口电路如图 8.14 所示，下面编写将 IN0～IN7 模拟量依次转换为数字量，分别存入片内 30H～37H 单元的程序。

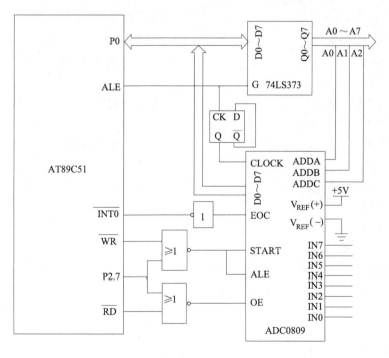

图 8.14 ADC0809 与 AT89C51 接口电路

根据系统的硬件连接，可得 ADC0809 各通道的端口地址，见表 8.6。

表 8.6　ADC0809 各通道地址

通道	P2.7~P2.4　　P2.3~P2.0		P0.7~P0.4　　P0.3~P0.0		地　址
IN0	0 × × ×　　× × × ×		× × × ×　　×	0 0 0	=7FF8H
IN1	0 × × ×　　× × × ×		× × × ×　　×	0 0 1	=7FF9H
IN2	0 × × ×　　× × × ×		× × × ×　　×	0 1 0	=7FFAH
IN3	0 × × ×　　× × × ×		× × × ×　　×	0 1 1	=7FFBH
IN4	0 × × ×　　× × × ×		× × × ×　　×	1 0 0	=7FFCH
IN5	0 × × ×　　× × × ×		× × × ×　　×	1 0 1	=7FFDH
IN6	0 × × ×　　× × × ×		× × × ×　　×	1 1 0	=7FFEH
IN7	0 × × ×　　× × × ×		× × × ×　　×	1 1 1	=7FFFH

查询法汇编语言程序如下。

```
        ORG   0000H
        LJMP  START
          ⋮
START:MOV   R0,#30H          ;设置数据区指针
        MOV   DPTR,#7FF8H     ;指向 IN0 的通道地址
        MOV   R1,#08H          ;设置通道数
        CLR   EX0              ;禁止 INT0 中断
LOOP:  MOVX  @DPTR,A          ;启动 A/D 转换
        MOV   R2,#20H          ;稍延时后查询
DELAY:DJNZ  R2,DELAY
        SETB  P3.2             ;准备从 P3.2 输入
LP：    MOV   B,P3
        JB    B.2,LP           ;判断转换结束否?
        MOVX  A,@DPTR          ;读取转换结果
        MOV   @R0,A            ;存入数据区
        INC   DPTR             ;指向下一通道
        INC   R0               ;修改数据区指针
        DJNZ  R1,LOOP
        SJMP  $                ;停机
        END
```

C51 语言程序如下。

```
#include <reg52.h>
xdata unsigned char IN0_at_0x7F00;          // 通道 0
data unsigned char AD_IN0_at_0x30;          // 保存通道 0 数据
sbit  EOC=P3^2;                             //［ INT0 ］
unsigned char Read0809(unsigned int IN)     // 读转换结果
{
  IN=0;                                     // 启动 A/D
  while(~EOC){
          return(IN);                       // 读入结果
```

```
            }
    }


main()
{
    unsigned char b;
        while(1){
                b＝Read0809(IN0)；  // 读转换结果
                AD_IN0＝b；
                }
}
```

中断法汇编语言程序如下。

```
            ORG    0000H
            LJMP      START
            ORG    0003H
            LIMP      ADINT0
            ORG    0030H
START：     MOV      R0，＃30H        ;设置数据区指针
            MOV      R1，＃08H        ;设置通道数
            SETB     IT0             ;设置 INT0 下降沿触发
            SETB     EX0
            SETB     EA              ;开中断
            MOV      DPTR，＃7FF8H    ;指向 IN0 的通道地址
            MOVX     @DPTR，A        ;启动 A/D 转换
            SJMP     $               ;等待中断
ADINT0：    MOVX     A，@DPTR        ;读取转换结果
            MOV      @R0，A          ;存入数据区
            INC      DPTR            ;指向下一通道
            INC      R0              ;修改数据区指针
            MOVX     @DPTR，A        ;启动下一路 A/D 转换
            DJNZ     R1，NEXT        ;8 路采集完否? 未完继续
            CLR      EX0             ;8 路采集已完,关中断
NEXT：      RETI
            END
```

C51 语言程序如下。

```
＃include ＜reg52.h＞
xdata unsigned char  IN0_at_0x7F00；             // 通道 0
data unsigned char   AD_IN0_at_0x30；            // 保存通道 0 数据
sbit   EOC＝P3^2；                                //[ INT0]
unsigned char   IN；                             // 临时通道序号
```

```
int0()    interrupt 0                              //中断函数
{
    AD_IN0＝IN；                                    //读入结果并保存
}
main()
{
    IN＝0；                                         // 启动 A/D
while(1){    }
}
```

如果要求利用 T1 定时，每秒采集一次 IN0～IN7 上的各通道模拟电压，并把采集的数字量更新到片内的 30H～37H 单元，设系统时钟 f_{OSC}＝6MHz。

设置 T1 定时 100ms，中断 10 次为 1s；A/D 转换一次约 100μs，8 个通道约 800μs，也就是 1ms 内即可完成 8 个通道的数据转换和保存。从时间数据看出，T1 的中断为大周期（100ms），$\overline{\text{INT0}}$ 的中断为小周期（100μs），且 $\overline{\text{INT0}}$ 的 8 次中断发生在 T1 的第 10 次定时过程。参考汇编程序如下。

```
            ORG 0000H
            LJMP   START
            ORG 0003H
            LJMP   ADINT0
            ORG 001BH
            LJMP   T1INT1
            ORG 0030H
START：    SETB  IT0                    ;设置INT0下降沿触发
            MOV   R0，♯30H              ;设置数据区指针
            MOV   R1，♯08H              ;设置通道数
            MOV   R7，♯0AH              ;设置定时中断次数 10 次
            MOV   TMOD，♯10H            ;设置定时器 1 工作方式 1
            MOV   TH1，♯3CH             ;送初值
            MOV   TL1，♯0B0H
            MOV   IE，♯89H              ;开INT0、T1 中断
            SETB  TR1                    ;启动定时器
LOOP：     NOP
            CJNE  R7，♯00H，NOE         ;R7≠0，则转 NOE
            MOV   R7，♯0AH              ;否则 1s 延时到，重置 R7
            MOV   R0，♯30H              ;设置数据区指针
            MOV   R1，♯08H              ;设置通道数
            SETB  EX0                    ;INT0 开中断
            MOV   DPTR，♯7FF8H          ;指向 IN0 通道地址
            MOVX  @DPTR，A              ;启动 A/D 转换
NOE：      NOP
```

```
                ⋮                    ;执行其他任务,同时等待中断
            SJMP   LOOP


            ORG 0100H                ;T1 中断服务程序
T1INT1：    DEC   R7
            MOV   TH1, #3CH          ;重置初值
            MOV   TL1, #0B0H
            RETI


            ORG    0200H             ;INT0 中断服务程序
ADINT0：    MOVX   A, @DPTR          ;读取 A/D 转换结果
            MOV    @R0, A            ;存入数据区
            INC    DPTR              ;指向下一通道
            INC    R0                ;修改数据区指针
            MOVX   @DPTR, A          ;启动下一路 A/D 转换
            DJNZ   R1, NEXT          ;8 路未采集完,则继续
            CLR    EX0               ;8 路已采集完,关中断
NEXT：      RETI
            END
```

C51 语言程序如下。

```
#include <reg52.h>
xdata unsigned char   IN0_at_0x7F00;     // 通道 0
xdata unsigned char   IN1_at_0x7F01;     // 通道 1
xdata unsigned char   IN2_at_0x7F02;     // 通道 2
xdata unsigned char   IN3_at_0x7F03;     // 通道 3
xdata unsigned char   IN4_at_0x7F04;     // 通道 4
xdata unsigned char   IN5_at_0x7F05;     // 通道 5
xdata unsigned char   IN6_at_0x7F06;     // 通道 6
xdata unsigned char   IN7_at_0x7F07;     // 通道 7


data unsigned char   AD_IN0_at_0x30;     // 通道 0 数据
data unsigned char   AD_IN1_at_0x31;     // 通道 1 数据
data unsigned char   AD_IN2_at_0x32;     // 通道 2 数据
data unsigned char   AD_IN3_at_0x33;     // 通道 3 数据
data unsigned char   AD_IN4_at_0x34;     // 通道 4 数据
data unsigned char   AD_IN5_at_0x35;     // 通道 5 数据
data unsigned char   AD_IN6_at_0x36;     // 通道 6 数据
data unsigned char   AD_IN7_at_0x37;     // 通道 7 数据
sbit   EOC=P3^2;                         //[ INT0]
unsigned char count;                     // 记录 100ms 中断的次数
```

```
unsigned char Read0809(unsigned int IN)      // 读转换结果
{
    unsigned char i;
    IN=0;                                    // 启动 A/D
    for (i=0; i<0x20; i++);                  // 延时 > 100μs
    return(IN);                              // 读入结果
}
int0()    interrupt    1                     // T0 中断函数
{
    TH0=(50000)/256;   //重装计数初值
    TL0=(50000)%256;   //重装计数初值
    if(count--==0){         // 1s 定时时间到,开始采集 AD 转换结果
                Read0809(IN0);   AD_IN0 =IN0;  //读入结果并保存
                Read0809(IN1);   AD_IN1 =IN1;  //读入结果并保存
                Read0809(IN2);   AD_IN2 =IN2;  //读入结果并保存
                Read0809(IN3);   AD_IN3 =IN3;  //读入结果并保存
                Read0809(IN4);   AD_IN4 =IN4;  //读入结果并保存
                Read0809(IN5);   ΛD_IN5 =IN5;  //读入结果并保存
                Read0809(IN6);   AD_IN6 =IN6;  //读入结果并保存
                Read0809(IN7);   AD_IN7 =IN7;  //读入结果并保存
                count=10;
            }
}



main()
{
    EA=1;
    ET0=1;
    TR0=1;
    count=10;              //记录 10 次中断,每次中断 100ms,10 次达到 1s 的定时
    while(1){   }
}
```

(2) 串行接口 A/D 转换器 TLC2543 接口电路应用

TLC2543 是 12 位 A/D 转换器,具有 11 个输入通道。它带有串行外设接口 (Serial Peripheral Interface,SPI),具有转换快、稳定性好、与微处理器接口简单、价格低等优点。

1) TLC2543 的引脚及功能

TLC2543 是 12 位开关电容逐次逼近 A/D 转换器,有多种封装形式,管脚图如图 8.15 所示。

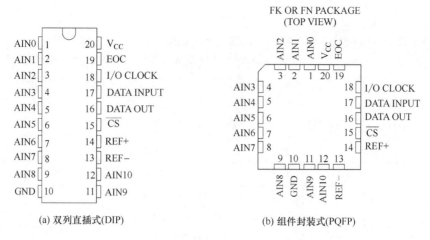

(a) 双列直插式(DIP)   (b) 组件封装式(PQFP)

图 8.15　TLC2543 管脚图

TLC2543 引脚的功能简要分类说明见表 8.7。

表 8.7　TLC2543 引脚功能

引脚	名称	功能
1~9	AIN0~AIN8	1~9 路模拟量输入引脚
10	GND	电源地
11,12	AIN9、AIN10	10、11 路模拟量输入引脚
13	REF−	负基准电压端,一般接地
14	REF+	正基准电压端,一般接+5V
15	$\overline{CS}$	片选端,低电平有效
16	DATA OUT	A/D 转换结果的输出端
17	DATA INPUT	控制字输入端,用于选择转换及输出数据格式
18	I/O CLOCK	控制输入/输出的时钟
19	EOC	转换结束信号输出端
20	V_{CC}	正电源端,一般接+5V

2）TLC2543 的使用方法

① 控制字的格式。

控制字是从 DATA INPUT 端串行输入的 8 位数据,它规定了 TLC2543 要转换的模拟量通道、转换后的输出数据长度、输出数据的格式。TLC2543 控制字格式见表 8.8。

② 转换过程。

上电后,片选 $\overline{CS}$ 必须从高（电平）到低（电平）,才能开始一个工作周期,此时 EOC 为高,输入数据寄存器被置为 0,输出数据寄存器的内容是随机的。

开始时,$\overline{CS}$ 为高,I/O CLOCK、DATA INPUT 被禁止,DATA OUT 呈高阻状,EOC 为高。使 $\overline{CS}$ 变低,I/O CLOCK、DATA INPUT 使能,DATA OUT 脱离高阻状态。

12 个时钟信号从 I/O CLOCK 端依次输入，随着时钟信号的输入，控制字从 DATA INPUT 逐位在时钟信号的上升沿被送入 TLC2543（高位先送入），同时上一周期转换的 A/D 数据，即输出数据寄存器中的数据从 DATA OUT 逐位输出。TLC2543 收到第 4 个时钟信号后，通道号也已收到，此时 TLC2543 开始对选定通道的模拟量进行采样，并保持到第 12 个时钟的下降沿。在第 12 个时钟的下降沿，EOC 变低，开始对本次采样的模拟量进行 A/D 转换，转换时间约需 $10\mu s$，转换完成后 EOC 变高，转换的数据在输出数据寄存器中，待下一个工作周期输出。这样一个转换周期结束，可以开始新的工作周期。

表 8.8　TLC2543 控制字格式

D7	D6	D5	D4	D3	D2	D1	D0	
							0	输出数据是单极性(二进制)
							1	输出数据是双极性(2 的补码)
						0		输出数据是高位先送出
						1		输出数据是低位先送出
				0	1			输出数据长度为 8 位
				1	1			输出数据长度为 16 位
				×	0			输出数据长度为 12 位
0	×	×	×					0000～0111 对应 0～7 通道
1	0	0	0					8 通道
1	0	0	1					9 通道
1	0	1	0					10 通道
1	0	1	1					TLC2543 自检,测试(REF＋)/2－(REF－)/2
1	1	0	0					TLC2543 自检,测试 REF－
1	1	0	1					TLC2543 自检,测试 REF＋
1	1	1	0					TLC2543 进入休眠状态

③ TLC2543 与单片机的接口。

MCS-51 系列单片机没有 SPI 接口，为了与 TLC2543 接口，可以用软件功能来实现 SPI 的功能，具体细节可参考相关书籍或手册。

8.3.2　8051 单片机与 D/A 接口电路应用

(1) D/A 转换器 DAC0832 接口电路应用

已知 DAC0832 与 MCS-51 系列单片机按单缓冲器方式连接电路见图 8.12，编写产生锯齿波、三角波和方波的程序。在 MCS-51 系列单片机与 DAC0832 按单缓冲器方式连接的情况下，$\overline{WR2}$ 和 $\overline{XFER}$ 始终有效，数字量一旦进入输入寄存器，立刻就被送去进行 D/A 转换。

锯齿波汇编语言程序如下。

```
        ORG 300H
START：MOV    DPTR，#7FFFH
        MOVX   @ DPTR，  A
```

```
            INC        A
            SJMP       START
            END
```

三角波汇编语言程序如下。

```
            ORG        600H
START：     CLR        A
            MOV        DPTR，     ＃7FFFH
UP：        MOVX       @DPTR，    A          ;线性上升段
            INC        A
            JNZ        UP                    ;若未完,转 UP
            MOV        A，        ＃0FFH
DOWN：      MOVX       @DPTR，    A          ;线性下降段
            DEC        A
            JNZ        DOWN                  ;若未完,则 DOWN
            SJMP       UP                    ;若已完,则循环
            END
```

方波汇编语言程序如下。

```
            ORG 900H
START：     MOV        DPTR，  ＃7FFFH
LOOP：      MOV        A，     ＃0A0H
            MOVX       @DPTR， A             ;设置上限电平
            ACALL      DELAY                 ;形成方波顶宽
            MOV        A，     ＃50H
            MOVX       @DPTR，A              ;设置下限电平
            ACALL      DELAY                 ;形成方波底宽
            SJMP       LOOP                  ;循环
DELAY：     ⋮                                ;DELAY 延时程序代码略
            ⋮
            END
```

C51 语言程序如下。

```
＃include ＜absacc. h＞
＃include ＜reg52. h＞


＃define DA0832 XBYTE［0x7fff］           // 0832 地址


＃define uchar unsigned char
```

```
#define uint unsigned int


void Delay_MS(uint n)                        // 延时函数
{
    uint k;
    for(n; n  >0 ;n--)
        for(k=10; k > 0 ;k--);
}


void stair(uchar AMP)                        //锯齿波函数
{
    uchar i;
    for(i=AMP ;i < 255; i++)
    {
        DA0832=i;
    }
}


void trian(uchar AMP)                        //三角波函数
{
    uchar i;
    for(i=255 - AMP ;i < 255; i++)
    {
        DA0832=i;
    }

    for(i-1 ;i > 255 - AMP; i--)
    {
        DA0832=i;
    }
}


void square(uchar AMP,uchar THL,uchar TLL)    //方波函数
{
    DA0832=255 - AMP;
```

```
        Delay_MS(THL);
        DA0832=255;
        Delay_MS(TLL);
}


void main()
{
    while(1)
    {
        stair(200);                        //逐个测试
        square(200,10,10);
        trian(200);
    }
}
```

（2）12 位串行 D/A 转换器 TLV5616 接口电路应用

① TLV5616 简介。

TLV5616 是一个带有灵活的 4 线串行接口的 12 位电压输出 D/A 转换器（DAC）。

4 条线组成的串行接口可以与 SPI（Serial Peripheral Interface）、QSPI（Queued SPI）和 Microwire 串行口相接。

TLV5616 可以用一个 16 位串行字符串来编程，其中包括 4 个控制位和 12 个数据位。

TLV5616 采用 CMOS 工艺，设计成 2.7～5.5V 单电源工作。

器件为 8 引脚封装结构，工业级芯片的工作温度范围为－40～85℃。

输出电压由下式给出：

$$V_{OUT} = 2 \times REF \times \frac{CODE}{0x1000}(V) \tag{8.8}$$

其中，REF 是基准电压；CODE 是数字输入值，范围从 0x000H 至 0xFFFH。

由外部基准决定满量程电压。

上电复位将内部锁存为一个规定的初始状态（所有各位为零）。

② TLV5616 的内部结构和各引脚功能。

TLV5616 的引脚和内部结构如图 8.16 和图 8.17 所示。

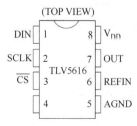

图 8.16　TLV5616 引脚

TLV5616 各引脚功能见表 8.9。

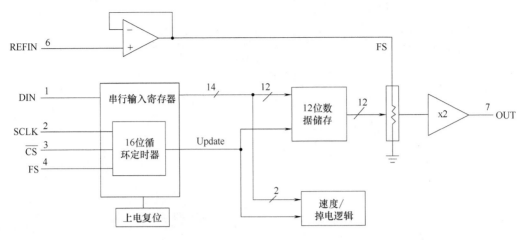

图 8.17 TLV5616 的内部结构

表 8.9 TLV5616 引脚功能

引脚	名称	功能
1	DIN	串行数字数据输入
2	SCLK	串行数字时钟输入
3	$\overline{\text{CS}}$	芯片选择,低电平有效
4	FS	帧同步,数字输入,用于 4 线串行接口
5	AGND	模拟地
6	REFIN	基准模拟电压输入
7	OUT	DAC 模拟电压输出
8	V_{DD}	正电源

TLV5616 是基于一个电阻串结构的 12 位、单电源 DAC,包括一个并行接口、速度/掉电控制逻辑、一个基准输入缓冲器、电阻串、一个轨到轨(rail-to-rail)输出缓冲器。

③ TLV5616 的数据传输时序图。

TLV5616 的数据传输时序图如图 8.18 所示。

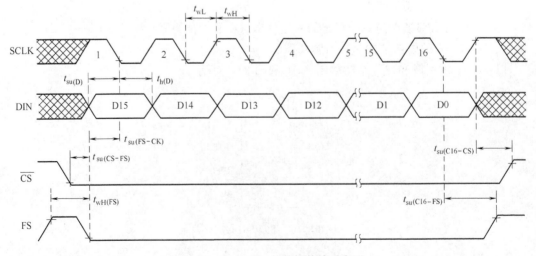

图 8.18 TLV5616 的数据传输时序图

数据传输过程如下。

首先器件必须使能 $\overline{CS}$。

然后在 FS 的下降沿启动数据的移位，在 SCLK 的下降沿逐位传入内部寄存器。

在 16 位数据已传送后或者当 FS 升高电平时，移位寄存器中的内容被移到 DAC 锁存器，它将输出电压更新为新的电平。

TLV5616 的串行接口可以用于两种基本的方式：4 线（带片选）和 3 线（不带片选）。

④ 数据格式。TLV5616 的 16 位数据字包括两部分，见表 8.10。

表 8.10　TLV5616 的数据各位含义

D15	D14	D13	D12	D11	D10	D9	D8	D7	D6	D5	D4	D3	D2	D1	D0
×	SPD	PWR	×	DAC 新值											
		1		掉电方式											
		0		正常工作											
	1			快速方式											
	0			慢速方式											

注：在掉电方式时，TLV5616 中的所有放大器都被禁用。

⑤ TLV5616 与 CPU 接口电路。

TLV5616 与 CPU 接口的电路图如图 8.19 所示。

串行的 DAC 输入数据和外部控制信号由单片机的 P3 口完成：串行数据由 RXD 引脚送出，串行时钟由 TXD 引脚送出。P3.4 和 P3.5 分别向 TLV5616 提供片选和帧同步信号。

使用定时器以固定的频率产生中断。在中断服务子程序中提取和写入下一个数据样本（2 个字节）到 DAC 中。数据样本储存在数据存储器中。

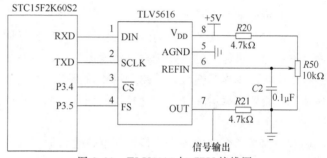

图 8.19　TLV5616 与 CPU 接线图

单片机的串行口工作于方式 0，在 RXD 脚发送 8 位数据，同时 TXD 脚上送出同步时钟。需要连续两次写入才能写一个完整的字到 TLV5616。

习题与思考题

8.1　在一个 8051 单片机应用系统中，8051 单片机以中断方式通过并行接口读取 ADC0809 的转换结果，试画出有关电路，并编写读取 A/D 转换结果的中断服务子程序。

8.2　用 8051 单片机和 ADC0809 实现对 8 路模拟信号的连续监测，以中断方式每 3min 巡检一次，每 1h 仅保留各路一个平均值，每 24h 转存一次数据。试编写程序，实现上述监测。

8.3　请设计一个电路：8051 单片机以中断方式通过并行 I/O 接口芯片 74LS244 读取 ADC0800 的转换结果。要求画出电路连接图，并编写读取 A/D 转换结果的中断服务子程序。

8.4　设计一个 A/D 转换电路，利用 ADC0809 与 8051 单片机连接。要求 ADC0809 的通道地址选择线来自地址总线的低 8 位。采用查询方式进行数据采集，每隔 0.5ms 检测一个通道，8 个通道循环检测，共检测 10 遍再结束。采集到的数据存入系统外部数据存储器某连续存储单元中。

8.5　设计一个 D/A 转换电路，DAC0832 与单片机系统连接。要求 DAC0832 工作在单缓冲器方式下。试画出电路图，并编写程序，使 DAC0832 输出一个正向锯齿波。

8.6　在一个晶振频率为 12MHz 的 8051 单片机中接有 2 片 DAC0832，已知它们的地址分别为 7FFFH 和 0BFFFH，DAC0832 的输出信号示波器。请画出 DAC0832 工作于双缓冲器方式下的逻辑电路图。

串行通信是计算机与计算机之间、计算机与外部设备之间、设备与设备之间一种常用的数据传输方式。尤其是当设备之间距离较远时，采用并行数据传输难以实现，大都采用串行数据传输方式。MCS-51系列单片机有一个全双工的串行通信口，可以在不同通信速率条件下提供多种工作方式。

9.1 ◆ 串行与并行基本通信方式

（1）并行通信和串行通信

并行通信是指数据的各位同时进行传输。多位数据同时通过多根数据线传输，每一根数据线传输一位二进制代码。其优点是传输速率快，效率高；缺点是硬件设备复杂，数据有多少位，就需要多少根数据线，线路费用相对提高，线路阻抗匹配、噪声等问题也较多。并行通信适用于近距离通信和处理速度较快的场合，如计算机内部、计算机与磁盘驱动器的数据传输等。

串行通信是指数据的各个位按顺序逐位地传输。其优点是传输数据线的根数少，通信距离长。串行通信适用于计算机与计算机之间、计算机与外部设备之间的远距离通信，如计算机与键盘、计算机与鼠标等。其缺点是传输速率较慢，效率低。

（2）串行通信数据传输方式

串行通信有单工、半双工和全双工3种通信方式。

① 单工方式。

在单工方式下，数据传输是单向的，一方（A端）固定为发送端，另一方（B端）固定为接收端。单工方式只需要一条数据线，如图9.1（a）所示。

② 半双工方式。

在半双工方式下，数据传输是双向的，数据既可以从A端发送到B端，又可以由B端发送到A端，不过在同一时间只能做一个方向的传输。半双工方式需要一条数据线，如图9.1（b）所示。

③ 全双工方式。

在全双工方式下，数据传输是双向的，A、B两端既可同时发送，又可同时接收。全双工方式需要两条数据线，如图9.1（c）所示。

（3）串行通信的两种同步方式

两个设备之间进行数据通信，发送端发送数据之后，接收端怎样才能正确地接收到数据呢？为此，必须事先规定一种发送器和接收器双方都认可的同步方式，以解决何时开始传

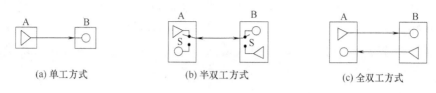

图 9.1 串行通信数据传输 3 种方式

输、何时结束传输以及数据传输速率等问题。串行通信的同步方式可分为异步通信和同步通信两种。

① 异步通信。

异步通信方式用一个起始位表示一个字符的开始,用停止位表示字符的结束,数据位则在起始位之后、停止位之前,这样就构成了一帧,如图 9.2 所示。在异步通信中,每个数据都是以特定的帧形式传输,数据在通信线上一位一位地串行传输。

在图 9.2 中,起始位表示传输一个数据的开始,用低电平表示,占一位。数据位是要传送的数据的具体内容,可以是 5 位、6 位、7 位、8 位等。通信时,数据从低位开始传送,为了保证数据传输的正确性,在数据位之后紧跟一位奇偶检验位,用于有限差错检测。当数据不需进行奇偶检验时,此位可省略。停止位表示发送一个数据的结束,用高电平表示,占 1 位、1.5 位或 2 位。

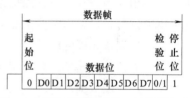

图 9.2 异步通信方式的一帧数据格式

在发送间隙,线路空闲时线路处于等待状态,称为空闲位,其状态为 1。异步通信中数据传输格式如图 9.3 所示。空闲位是异步通信特征之一。

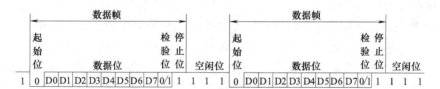

图 9.3 异步通信中数据传送格式

在异步通信时,通信的双方必须遵守以下基本约定。

a. 字符格式必须相同。

b. 通信速率必须相同。串行通信的速率也称为波特率。

波特率是指每秒传送的二进制位数,单位为 bit/s。异步通信的波特率一般为 50 ～ 19200bit/s,波特率越高,数据传输速率越快,但和字符的实际传输速率不同。字符的实际传输速率是指每秒内所传字符帧的帧数,和字符帧格式有关。例如,波特率为 1200bit/s 的通信系统,若采用图 9.2 的字符帧,则字符的实际传输速率为 1200bit/s÷11=109.09(帧/s)。

每位的传输时间定义为波特率的倒数。例如,波特率为 2400bit/s 的通信系统,其每位的传输时间应为

$$T_d = 1 \div 2400 \approx 0.417 (ms)$$

② 同步通信。

异步通信由于要在每个数据前后附加起始位、停止位,每发送一个字符约有 20% 的附

加数据，占用了传输时间，降低了传输效率。同步通信则去掉每个数据的起始位和停止位，把要传输的数据按顺序连接成一个数据块，数据块之间的数据没有间隔。在数据块的开始附加 1～2 个同步字符，在数据块的末尾加差错校验字符（CRC）。同步通信的数据格式如图 9.4 所示。

图 9.4　同步通信的数据格式

同步通信时，先发送同步字符（SYN），数据发送紧随其后。接收方检测到同步字符后，即开始接收数据，按约定的长度拼成一个个数据块，直到整个数据接收完毕，经校验无传输错误，则结束一帧信息的传输。若发送的数据块之间有间隔，则发送同步字符填充。

同步通信进行数据传输时，发送和接收双方要保持完全的同步，因此要求发送和接收设备必须使用同一时钟。在近距离通信时，可以采用在传输线中增加一根时钟信号线来解决；远距离通信时，可以通过解调器从数据流中提取同步信号，用锁相技术使接收方得到和发送方时钟频率完全相同的时钟信号。

同步通信传输速率高，适用于高速率、大容量的数据通信，但硬件复杂；异步通信技术较为简单，应用范围广。

9.2　8051 单片机的串行口

（1）串行口的内部结构

8051 单片机内部含有一个可编程全双工串行口，它能同时发送和接收数据。串行口的接收和发送功能都是通过访问特殊功能寄存器 SBUF 来实现，SBUF 即可作为发送缓冲器，也可作为接收缓冲器。实际上，在物理构造上，MCS-51 系列单片机的发送缓冲器和接收缓冲器是 2 个独立的寄存器，它们共享一个地址（99H），把数据写入 SBUF，即装载数据到发送缓冲器，从 SBUF 中读取数据，就是从接收缓冲器中提取接收到的数据。发送缓冲器只能写入不能读出，接收缓冲器只能读出不能写入。

MCS-51 系列单片机串行口有两个控制寄存器：串行口控制寄存器 SCON 用来选择串行口的工作方式，控制数据的接收和发送，并表示串行口的工作状态等；电源控制寄存器 PCON 用来控制串行通信的波特率，PCON 中有一位是波特率的倍增位。

8051 单片机串行口内部结构如图 9.5 所示。MCS-51 系列单片机串行口可以工作在移位寄存器方式和异步通信方式。在移位寄存器方式时，由 RXD（P3.0）引脚接收或发送数据，TXD（P3.1）引脚输出移位脉冲，作为外接系统的同步信号。在异步通信方式时，数据由 TXD（P3.1）引脚发送，而 RXD（P3.0）用于接收数据；异步通信时的波特率由波特率发生器产生，波特率发送器通常由定时器/计数器 T1 实现。串行通信时，接收中断和发送中断共享 8051 单片机的一个中断（即串行口中断），不论是接收到数据，还是发送完数据，都会触发串行口中断请求，因此，CPU 响应串行口中断时，不会自动清除中断请求标志位 TI 和 RI，需要程序判断是接收还是发送中断请求后，用软件清除中断请求标志位 TI 和 RI。

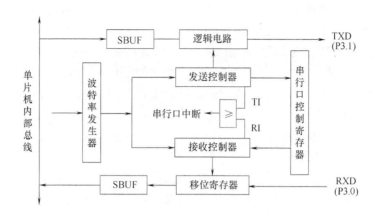

图 9.5 8051 单片机串行口内部结构

（2）串行口的控制

① 串行口控制寄存器 SCON。串行口控制寄存器 SCON 是一个二进制 8 位、可位寻址的寄存器，它的字节地址为 98H，它用于设定串行口的工作方式、控制接收/发送及设置状态标志位，其格式如下。

D7	D6	D5	D4	D3	D2	D1	D0
SM0	SM1	SM2	REN	TB8	RB8	TI	RI
9FH	9EH	9DH	9CH	9BH	9AH	99H	98H

SCON 各位定义如下。

SM0、SM1：串行口工作方式选择位，可选择 4 种工作方式，如表 9.1 所示。

表 9.1 串行口工作方式

SM0	SM1	工作方式	功能说明	波特率
0	0	方式 0	同步移位寄存器	$f_{OSC}/12$
0	1	方式 1	10 位异步收发	可变（由定时器控制）
1	0	方式 2	11 位异步收发	$f_{OSC}/64$ 或 $f_{OSC}/32$
1	1	方式 3	11 位异步收发	可变（由定时器控制）

SM2：多机通信控制位，主要在方式 2 和方式 3 下使用。在方式 0 时，SM2 不用，应设置为 0。在方式 1 下，若 SM2＝1，则只有接收到有效的停止位时才置位 RI，否则 RI 为 0。在方式 2 或方式 3 下，若 SM2＝1，则只有在接收到的第 9 位数据（RB8）为 1 时，才将接收到的前 8 位数据送入 SBUF，并将 RI 置 1，否则，当接收到的第 9 位数据（RB8）为 0 时，则将接收到的前 8 位数据丢弃，不产生中断请求；若 SM2＝0，不论第 9 位接收到的是 0 还是 1，都将接收到前 8 位数据送入 SBUF，并将 RI 置 1，产生中断请求。

REN：允许接收控制位。若 REN＝0，则禁止串行口接收；若 REN＝1，则允许串行口接收。

TB8：在方式 2 和方式 3 下，TB8 为发送数据的第 9 位，由软件置位或清零。它可作为奇偶校验位（单机通信），也可在多机通信中作为发送地址帧或数据帧的标志位。发送地址帧时，设置 TB8＝1；发送数据帧时，设置 TB8＝0。在方式 0 或方式 1 下，该位未用。

RB8：在方式 2 或方式 3 下，RB8 为接收数据的第 9 位，它可能是奇偶校验位或地址/数据标志位，可根据 RB8 被置位的情况对接收数据进行某种判断。例如多机通信时，若 RB8＝1，说明收到的数据为地址帧；RB8＝0，收到的数据为数据帧。在方式 1 时，若 SM2＝0（即不是多机通信情况），则 RB8 是已接收到的停止位。方式 0 下该位未用。

TI：发送中断标志位，在一帧数据发送结束时由硬件置位。在方式 0 下，串行发送完 8 位数据时，或其他方式串行发送到停止位的开始时由硬件置位。TI＝1 表示一帧数据发送完毕，并且向 CPU 请求中断，通知 CPU 可以发送下一帧数据。TI 位可用于查询，也可作为中断标志位。TI 不会自动复位，必须由软件清零。

RI：接收中断标志位，在接收到一帧有效数据后由硬件置位。在方式 0 下，接收完 8 位数据后，或其他方式中接收到停止位时由硬件置位。RI＝1 表示一帧数据接收完毕，并且向 CPU 请求中断，通知 CPU 可取走数据。该位可用于查询，也可作为中断标志位。同样，RI 不会自动复位，必须由软件清零，以准备接收下一帧数据。

② 电源控制寄存器 PCON。电源控制寄存器 PCON 是一个二进制 8 位、不可位寻址的寄存器，其中只有一位 SMOD 与串行口工作有关，它的字节地址为 87H，其格式如下。

D7	D6	D5	D4	D3	D2	D1	D0
SMOD	—	—	—	GF1	GF0	PD	IDL

PCON 各位定义如下。

SMOD：波特率的倍增选择位。串行口工作在方式 1、方式 3 时，串行通信波特率和 2^{SMOD} 成正比。即当 SMOD＝1 时，波特率提高一倍；SMOD＝0 时，波特率不变。

（3）串行口的工作方式

MCS-51 系列单片机有方式 0、方式 1、方式 2 和方式 3 共 4 种工作方式，由 SCON 中的 SM0、SM1 两位进行定义。

1）方式 0

在方式 0 下，串行口的 SBUF 作为同步移位寄存器使用，主要用于扩展并行输入/输出口，其波特率为单片机时钟频率的 12 分频（$f_{OSC}/12$）。在串行口发送时，SBUF（发送）相当于一个并入串出的移位寄存器，由 MCS-51 系列单片机内部总线并行接收 8 位数据，并从 TXD 线串行输出；在接收操作时，SBUF（接收）相当于一个串入并出的移位寄存器，从 RXD 线接收一帧串行数据，并把它并行地送入内部总线。在方式 0 下，SM2、RB8 和 TB8 不起作用，通常设置为 0。

发送操作在 TI＝0 时进行，CPU 通过指令"MOV SBUF，A"给 SBUF（发送）送出发送字符后，RXD 线上即可发出 8 位数据，TXD 线上发送同步脉冲。8 位数据发送完后，TI 自动置 1。CPU 查询到 TI＝1 或响应中断后先用软件使 TI 清零，然后再给 SBUF（发送）下一个要发送的字符。

接收过程在 RI＝0 和 REN＝1 条件下进行。串行数据由 RXD 线输入，TXD 线输出同步脉冲。接收电路接收到 8 位数据后，RI 自动置 1。CPU 查询到 RI＝1 或响应中断后便可通过指令"MOV A，SBUF"把 SBUF（接收）中的数据送入累加器 A，RI 也由软件清零。

2）方式 1

在方式 1 条件下，串行口设定为 10 位异步通信方式。字符帧中除 8 位数据位外，还可有 1 位起始位和 1 位停止位。发送操作在 TI＝0 时，执行指令"MOV SBUF，A"后开始，然后发送电路自动在 8 位发送字符前后分别添加 1 位起始位和停止位，并在移位脉冲作用下在 TXD 线上发送一帧信息，发送完毕后自动维持 TXD 线为高电平。TI 由硬件在发送停止位时置 1，并由软件将它复位。

接收操作在 RI＝0 和 REN＝1 条件下进行，这点与方式 0 时相同。平常，接收电路对高电平的 RXD 线采样，在无信号时，RXD 端的状态为 1，当采样到 1 至 0 的跳变时，确认是起始位 0，就开始接收一帧数据，并自动复位内部的 16 分频计数器，以实现同步。计数器的 16 个状态把 1 位接收时间等分成 16 个间隔，并在第 7、8、9 个计数状态时采样 RXD 引脚的电平，每位连续采样 3 次。当接收到的 3 个数据位状态中至少有 2 位相同时，则该相同的数据位状态才被确认接收。在接收到第 9 数据位（即停止位）时，接收电路必须同时满足以下两个条件：①RI＝0；②SM2＝0 或接收到的停止位为 1。

当上述条件满足时，才能把接收到的 8 位数据存入 SBUF（接收）中，把停止位送入 RB8 中，使 RI＝1。若上述条件不满足，则这次收到的数据就被舍去，不装入 SBUF（接收）中，这是不能允许的，因为这意味着丢失了一帧接收数据。

3）方式 2

在方式 2 下，串行口设定为 11 位异步通信方式。TXD 为数据发送端，RXD 为数据接收端。一帧数据由 11 位组成：1 位起始位（状态为 0）、8 位数据位、1 位可编程位、1 位停止位（状态为 1）。方式 2 的波特率是固定不变的，由 MCS-51 系列单片机时钟频率 f_{OSC} 经 32 或 64 分频后提供。

方式 2 的发送包括 9 位有效数据，在启动发送之前，要把发送的第 9 位数据装入 SCON 中的 TB8 位，第 9 位数据完全由用户规定，可以是奇偶校验位，也可以是地址/数据标志位，用户需根据通信协议用软件设置 TB8（SETB TB8 或 CLR TB8）。准备好 TB8 的值以后，在 TI＝0 的条件下，就可以执行一条写发送缓冲器 SBUF 的指令来启动发送。串行口能自动把 TB8 取出，并装入第 9 位数据的位置，逐一发送出去。发送完毕后使 TI 置 1。这些过程与方式 1 基本相同。

方式 2 的接收与方式 1 基本相似。不同之处是要接收 9 位有效数据。在方式 1 时，是把停止位当作第 9 位数据来处理，而在方式 2（或方式 3）中存在着真正的第 9 位数据。因此接收数据真正有效的条件如下。

① RI＝0。

② SM2＝0 或收到的第 9 位数据为 1。

第一个条件是提供接收缓冲器已空的信息，即 CPU 已把 SBUF 中上次接收到的数据读走，允许再次写入；第二个条件则提供了根据 SM2 的状态和所接收到的第 9 位状态来决定接收数据是否有效。若第 9 位是一般的奇偶校验位（单机通信时），应令 SM2＝0，以保证可靠的接收；若第 9 位作为地址/数据标志位（多机通信时），应令 SM2＝1，则当第 9 位为 1 时，接收的信息为地址帧，串行口将接收该组信息。

若上述两个条件成立，接收的前 8 位数据进入 SBUF 以准备让 CPU 读取，接收的第 9 位数据进入 RB8，同时置位 RI。若以上条件不成立，则这次接收无效，放弃接收结果，即 8 位数据不装入 SBUF，也不置位 RI。

4）方式 3

在方式 3 下，数据格式为 11 位异步通信方式。其一帧数据格式，接收、发送过程与方式 2 完全相同，所不同的仅在于波特率。方式 3 的波特率由定时器 T1 的溢出率及 SMOD 决定，这一点与方式 1 相同。

9.3 ⊙ RS-232 与 TTL 电平的转换

在单片机应用系统中，数据通信主要采用异步串行通信。在设计通信接口时，必须根据需要选择标准接口，并考虑传输介质、电平转换等问题。采用标准接口后，能够方便地把单片机和外设、测量仪器等有机地连接起来，从而构成一个测控系统。例如，当需要单片机和 PC 机通信时，通常采用 RS-232 接口进行电平转换。

异步串行通信接口主要有三类：RS-232 接口，RS-449、RS-422 和 RS-485 接口以及 20mA 电流环。下面主要介绍 RS-232 接口。

RS-232C 是使用最早、应用最多的一种异步串行通信总线标准。它是美国电子工业协会（EIA）1962 年公布、1969 年最后修订而成的。其中 RS 表示 Recommended Standard，232 是该标准的标识号，C 表示最后一次修订。

RS-232C 主要用来定义计算机系统的一些数据终端设备（DTE）和数据电路终端设备（DCE）之间的电气性能。例如，CRT、打印机与 CPU 之间的通信大多采用 RS-232C 接口，8051 单片机与 PC 之间的通信也采用该种类型的接口。由于 8051 单片机本身有一个全双工的串行接口，因此该系列单片机用 RS-232C 串行接口总线非常方便。

RS-232C 串行接口总线适用于设备之间的通信距离不大于 15m，传输速率最大为 20kbit/s。

（1）RS-232C 信息格式标准

RS-232C 采用串行格式，如图 9.6 所示。该标准规定：信息的开始为起始位，信息的结束为停止位；信息本身可以是 5、6、7、8 位再加一位奇偶校验位。

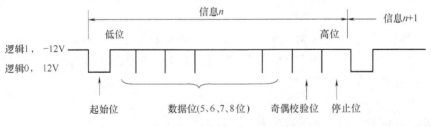

图 9.6 RS-232C 信息格式

（2）RS-232C 电平转换器

RS-232C 规定了自己的电气标准，由于它是在 TTL 电路之前研制的，所以它的电平不是 +5V 和地，而是采用负逻辑。

逻辑"0"：+5～+15V；

逻辑"1"：-5～-15V。

因此，RS-232C 不能和 TTL 电平直接相连，使用时必须进行电平转换，否则将会使 TTL 电路损坏，实际应用时必须注意。常用的电平转换集成电路是传输线驱动器 MC1488 和传输线接收器 MC1489。

MC1488 内部有三个与非门和一个反相器，供电电压为 ±12V，输入为 TTL 电平，输出为 RS-232C 电平。MC1489 内部有四个反相器，供电电压为 ±5V，输入为 RS-232C 电平，输出为 TTL 电平。

另一种常用的电平转换电路是 MAX232。图 9.7 为 MAX232 的引脚图。

在计算机进行串行通信时，选择接口标准必须注意以下两点。

① 通信速率和通信距离。

通常的标准串行接口，都满足两个指标：可靠传输时的最大通信速率和传输距离。但这两个指标具有相关性，适当降低传输速率，可以提高通信距离，反之亦然。例如，采用 RS-232C 标准进行单向数据传输时，最大的传输速度为 20kbit/s，最大的传输距离为 15m。

② 抗干扰能力。

通常选择的标准接口，在保证不超过其使用范围条件下，具有一定的抗干扰能力，以保证可靠的信号传输。但在一些工业测控系统中，通信环境十分恶劣，因此在通信介质选择、接口标准选择时，

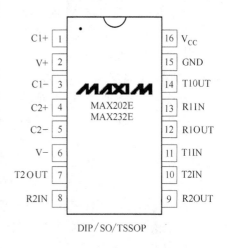

图 9.7　MAX232 引脚图

要充分考虑抗干扰能力，并采取必要的抗干扰措施。例如在长距离传输时，使用 RS-422 标准，能有效地抑制共模信号干扰；使用 20mA 电流环技术，能大大降低对噪声的敏感程度。

在高噪声污染的环境中，通过使用光纤介质可减少噪声的干扰，通过光电隔离可以提高通信系统的安全性。

9.4 ⬤ 波特率的设置

在串行通信中，收发双方对传输数据的速率（即波特率）要有一定的约定。通过上一小节的论述，我们已经知道，8051 单片机的串行口通过编程可以有 4 种工作方式。其中方式 0 和方式 2 的波特率是固定的，方式 1 和方式 3 的波特率可变，由定时器 T1 的溢出率决定，下面加以分析。

在方式 0 下，波特率为时钟频率的 1/12，即 $f_{OSC}/12$，固定不变。

在方式 1 和方式 3 下，其波特率是可变的。在 MCS-51 系列单片机中，由定时器/计数器 T1 作为串行通信方式 1 的波特率发生器。其计算公式为

$$波特率 = \frac{2^{SMOD}}{32} \times 定时器\ T1\ 的溢出率 \tag{9.1}$$

定时器 T1 的溢出率定义为定时时间的倒数，计算式为

$$定时器\ T1\ 的溢出率 = \frac{f_{OSC}}{12} \times \frac{1}{(2^K - 初值)} \tag{9.2}$$

则波特率计算公式为

$$波特率 = \frac{2^{SMOD}}{32} \times \frac{f_{OSC}}{12} \times \frac{1}{(2^K - 初值)} \tag{9.3}$$

式中　SMOD——波特率倍增选择位；

K——定时器 T1 的位数。

K 和定时器 T1 的设定方式有关。一般情况下，T1 设定为方式 2。

在方式 2 中，波特率取决于 PCON 中的 SMOD 值，当 SMOD=0 时，波特率为 $f_{OSC}/64$；当 SMOD=1 时，波特率为 $f_{OSC}/32$。

常用波特率与定时器 T1 初值关系如表 9.2 所示。

其中 T1 的溢出率取决于单片机定时器 T1 的计数速率和定时器的预置值。计数速率与 TMOD 寄存器中的 C/$\overline{T}$ 位有关，当 C/$\overline{T}$=0 时，计数速率为 $f_{OSC}/12$，当 C/$\overline{T}$=1 时，计数速率为外部输入时钟频率。

实际上，当定时器 T1 做波特率发生器使用时，通常工作在模式 2，即自动重装载的 8 位定时器，此时 TL1 作计数用，自动重装载的值在 TH1 内。设计数的预置值（初始值）为 X，那么每过 256-X 个机器周期，定时器溢出一次。为了避免溢出而产生不必要的中断，此时应禁止 T1 中断。

$$溢出周期 = \frac{12}{f_{OSC}} \times (2^K - 初值) \tag{9.4}$$

溢出率为溢出周期的倒数，所以

$$波特率 = \frac{2^{SMOD}}{32} \times \frac{f_{OSC}}{12} \times \frac{1}{(2^K - 初值)}，其中 K=8 \tag{9.5}$$

下面来分析一段小程序的波特率：

```
MOV   TMOD, ＃20H
MOV   TL1,  ＃0F4H
MOV   TH1,  ＃0F4H
SETB  TR1
```

若采用 11.059MHz 的晶振，分析 TMOD 的设置，对照表 9.2，可知串行通信的波特率应为 2400bit/s。

表 9.2　常用波特率与定时器 T1 初值关系

波特率/(bit/s)	时钟频率/MHz	SMOD	TH1
62.5k	12	1	FFH
19.2k	11.0592	1	FDH
9600	11.0592	0	FDH
4800	11.0592	0	FAH
2400	11.0592	0	F4H
1200	11.0592	0	E8H
137.5	11.0592	0	2EH

9.5 ▸ 串行口电路应用

9.5.1 串行口的简单应用

（1）并行 I/O 口的扩展

串行口的方式 0 不属于通信，它的功能相当于一个移位寄存器，常用于实现串行→并行、并行→串行数据之间的转换，因此，可以与具有并行输入串行输出、串行输入并行输出功能的芯片结合扩展并行 I/O 口。

1）并行输出口扩展

图 9.8 为具有串行输入并行输出功能的 8 位移位寄存器芯片 74LS164 的引脚图。

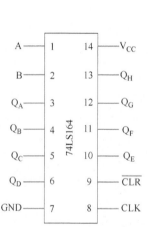

图 9.8 74LS164 引脚图

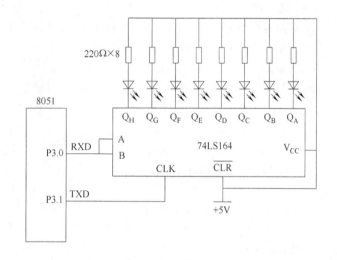

图 9.9 串行口扩展并行 I/O 口电路

A、B：串行输入引脚，两个引脚完全一样，可以将这两个引脚连接在一起，再接到串行数据源。也可将其中一个脚连接到 V_{CC}，另一个引脚连接串行数据源。

$Q_A \sim Q_H$：数据输出引脚。

$\overline{CLR}$：清除引脚，$\overline{CLR} = 0$ 时，输出引脚 $Q_A \sim Q_H$ 清 0。

CLK：时钟脉冲输入引脚，此电路为正边沿触发型，即输出引脚的状态变化是发生在时钟脉冲由低电平变为高电平的时候。

【例 9.1】 已知串行口扩展并行 I/O 口电路如图 9.9 所示，编写实现单个 LED 灯左移的程序。

解 串行口设置为方式 0，串行数据由 RXD（P3.0）引脚输出，时钟脉冲由 TXD（P3.1）引脚输出。初始数据为 11111110B，最右面 LED 灯开始亮。

汇编语言程序如下。

```
        ORG    0100H
START:MOV    SCON，#00H              ;SCON←00H,设串行口方式 0
        MOV    A，#0FEH               ;A←11111110B
```

197 ◂◂◂

```
LOOP： MOV   SBUF，A          ;SBUF←A,发送数据
       JNB   TI，$             ;等待 TI 中断
       CLR   TI                ;清除 TI 中断标志
       ACALL DELAY             ;调用延时
       RL    A                 ;A 的内容左移 1 位
       SJMP  LOOP              ;继续输出串行数据
DELAY：MOV   R5，♯200          ;R5←200
DEL2： MOV   R6，♯250          ;R6←250
DEL1： DJNZ  R6，DEL1          ;若 R6-1≠0,则跳转到 DEL1 处
       DJNZ  R5，DEL2          ;若 R5-1≠0,则跳转到 DEL2 处
       RET                     ;子程序返回
       END
```

C51 语言程序如下。

```
#include ＜reg52.h＞           // 52 系列单片机头文件
#include＜intrins.h＞
unsigned char LED= 0xFE;       // LED=11111110B
void delay(unsigned char x)    // 延时函数
{
    unsigned char i;
    for(x;i＞0;i--)
    for(j=100;j＞0;j--);
}
void Send164(unsigned char b)  // 串行输出
{
  SCON=0;                      // 串口方式 0
  SBUF=b;                      // 输出 b
}
void main()
{
while(1);
    {Send164(LED);
    Delay(100);
    LED=_crol_(LED,1);         //将 LED 循环左移 1 位
    }
}
```

2）并行输入口扩展

图 9.10 为具有并行输入串行输出功能的 8 位移位寄存器芯片 74LS165 的引脚图。

S/$\overline{L}$：数据加载与移位控制引脚。当 S/$\overline{L}$=0 时，并行输入引脚 A～H 的状态将全部被加载；当 S/$\overline{L}$=1 时，在移位时钟脉冲作用下，数据将由 Q_H 端输出。

CLK INH：时钟脉冲禁止引脚。CLK INH=1 时，输出引脚将不随时钟脉冲而变化。CLK INH=0 时，输出引脚将随时钟脉冲进行移位式串行输出。

CLK：时钟脉冲输入引脚。此电路触发方式与 74LS164 相同。

DS：串行数据输入引脚。

A～H：并行数据输入引脚。

Q_H：串行数据输出引脚。

$\overline{Q_H}$：串行数据反相输出引脚。

【例 9.2】 已知电路如图 9.11 所示，编写根据开关 K0～K7 的状态控制 L0～L7 亮灭的程序。

S/$\overline{L}$	1		16	V_{CC}
CLK	2		15	CLK INH
E	3		14	D
F	4	74LS165	13	C
G	5		12	B
H	6		11	A
$\overline{Q_H}$	7		10	DS
GND	8		9	Q_H

图 9.10　74LS165 引脚图

解　开关状态由 74LS165 并行输入，转换为串行数据由 RXD 输入单片机，从而控制 LED 灯的亮灭。

汇编语言程序如下。

```
            ORG    0100H
START：     MOV    SCON，#10H          ;SCON←10H,设串行口方式0,接收
LOOP：      CLR    P3.2               ;输出负脉冲,S/L̄=0,加载并行数据
            NOP                       ;延长负脉冲宽度
            SETB   P3.2               ;S/L̄=1,允许寄存器移位
            JNB    RI,$               ;等待 RI 中断
            CLR    RI                 ;清除 RI 中断标志
            MOV    A,SBUF             ;读开关状态送 A
            MOV    P1,A               ;开关状态输出到 P1
            SJMP   LOOP               ;继续读取开关状态
            END
```

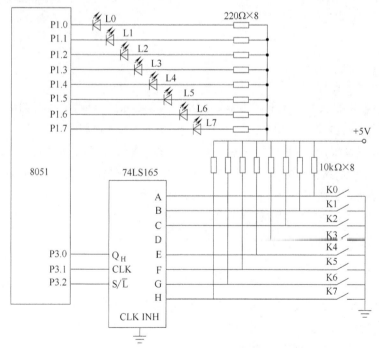

图 9.11　并行输入串行输出接口电路

C51 语言程序如下。

```
#include   <reg52.h>
#define    LED   P1
sbit    load=P3^2;
#define uint unsigned int
void delay(uint);
void delay(uint x)
{
    uint i,j;
    for(i=x;i>0;i--)                    //i=x,即延时约 x ms
        for(j=110;j>0;j--);
}


main()
{   SCON=0x10;                          //设定为 mode 0,REN=1,允许串口接收数据
    while(1)
    {  load=0;                          //输出负脉波,加载并行数据
       load=1;                          //移位输出
       while(RI==0);                    //等待接收完一个字节数据
       RI=0;
       LED=SBUF;                        //  RI=1 时(接收完成),输出至 LED
       delay(20);
    }
}
```

(2) 串行口异步通信

在方式 1、方式 2 和方式 3 下，串行口均用于异步通信。利用单片机的串行口，可以实现与单片机、计算机和其他具有串行口的智能设备之间的串行通信。

如果通信双方都采用 TTL 电平传输数据，双方的串行口可以直接连接，但其传输距离一般不超过 1.5m；当通信双方采用不同的电平形式传输数据时，需要通过接口转换电路把它们转换为相互兼容的电平形式。MAX232 就属于这类芯片。

这里以 A、B 两台 8051 单片机进行单工串行通信为例，简单说明串行口的异步通信应用。

【例 9.3】 A、B 两台 8051 单片机进行单工串行通信，A 机工作在发送状态，B 机为接收状态，如图 9.12 所示。现将 A 机片内 RAM 从 30H 开始的 10 个单元数据发送到 B 机，并存放在片内 RAM 40H 开始的单元内。A、B 单片机的晶振频率均为 11.0592MHz，采用的通信波特率为 9600bit/s。

解 采用定时器 T1 工作在方式 2 产生波特率。

汇编语言程序如下。

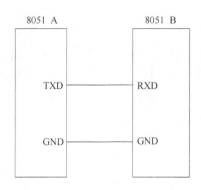

图 9.12　8051 单片机单工串行通信

A 机发送程序:

```
TRANS:  MOV   TMOD,#20H      ;定时器 T1 工作在方式 2
        MOV   TH1,#0FDH      ;定时初值
        MOV   TL1,#0FDH      ;定时初值
        MOV   SCON,#40H      ;SCON←40H,设串行口方式 1,发送
        MOV   PCON,#00H      ;SMOD=0
        SETB  TR1            ;启动定时器 T1
        MOV   R0,#30H        ;设置发送数据地址指针
        MOV   R2,#10         ;设置发送数据块长
LOOP:   MOV   A,@R0          ;取发送数据送 A
        MOV   SBUF,A         ;SBUF←A,发送数据
        JNB   TI,$           ;等待 TI 中断
        CLR   TI             ;清除 TI 中断标志位
        INC   R0             ;指针加 1
        DJNZ  R2,LOOP        ;若 R2-1≠0,则继续发送数据
        RET
```

B 机接收程序:

```
RECVE:  MOV   TMOD,#20H      ;定时器 T1 工作在方式 2
        MOV   TH1,#0FDH      ;定时初值
        MOV   TL1,#0FDH      ;定时初值
        MOV   SCON,#50H      ;SCON←50H,设串行口方式 1,接收
        MOV   PCON,#00H      ;SMOD=0
        SETB  TR1            ;启动定时器 T1
        MOV   R0,#40H        ;设置接收数据地址指针
        MOV   R2,#10         ;设置接收数据块长
LOOP:   JNB   RI,$           ;等待 RI 中断
        CLR   RI             ;清除 RI 中断标志位
```

```
        MOV   A，SBUF              ;接收数据送 A
        MOV   @R0，A               ;存放接收数据
        INC   R0                   ;指针加 1
        DJNZ  R2,LOOP              ;若 R2-1≠0,则继续接收数据
        RET
```

C51 语言程序如下。

A 机工作在发送状态

```
#include ＜reg52. h＞
data unsigned char rec_Buf[10]_at_0x40;              // 接收缓冲区
data unsigned char send_Buf[10]_at_0x30;             // 发送缓冲区
unsigned char RcvBuf;                                // 接收缓冲
bit HasRcv=0;                                        // 接收标志
unsigned char n;                                     // 缓冲区单元序号
void SerialIO0()interrupt 4                          // 中断函数
{
   if(TI)  {
                TI=0;
                n=n+1;        if(n==10)n=0;// 修改缓冲区序号
                SBUF=send_Buf[n];              // 发送数据
          }
}
void main()
{
    IE =   0x00；    // disable all interrupt
    TMOD=0x20;     // 定时器 T1 工作于方式 2（8 位重装）
    TH1  = 0xF3;  // 2400bit/s @ 12MHz
   TL1  = 0xF3;
   PCON&= 0x7F;   // SMOD 位清零
   SCON=0x50;      // 串行口工作方式设置
   TR1=1;  ES=1;  EA=1;  n=0;  HasRcv=0;
   while (1){}
}
```

B 机为接收状态

```
#include ＜reg52. h＞
data unsigned char   rec_Buf[10]_at_0x40;            // 接收缓冲区
data unsigned char send_Buf[10]_at_0x30;             // 发送缓冲区
unsigned char RcvBuf;                                // 接收缓冲
bit HasRcv=0;                                        // 接收标志
unsigned char n;                                     // 缓冲区单元序号
```

```
void SerialIO0()interrupt 4                      // 中断函数
    {
    if(RI)   {
                    RI=0;        HasRcv=1;
                    n=n+1;     if(n==10){n=0;}   // 修改缓冲区序号
                    rec_Buf[n]=SBUF;             // 保存接收数据
            }
    }
void main()
{
    IE=0x00;                    // disable all interrupt
    TMOD=0x20;                  // 定时器 T1 工作于方式 2（8 位重装）
    TH1=0xF3;                   // 2400bit/s @ 12MHz
    TL1=0xF3;
    PCON&= 0x7F;                // SMOD 位清零
    SCON=0x50;                  // 串行口工作方式设置
    TR1=1;   ES=1;   EA=1;   n=0;   HasRcv=0;
    while (1){   }
}
```

9.5.2 双机通信应用

8051 单片机之间的串行通信主要分为双机通信和多机通信，下面介绍双机通信的应用。

如果两个 MCS-51 系列单片机系统距离较近，就可以将它们的串行口直接相连，实现双机通信，如图 9.13 所示。

为了增加通信距离，减少通道和电源的干扰，可以在通信线路上采用光电隔离的方法，利用 RS-422 标准进行双机通信，实用的接口电路如图 9.14 所示。

发送端的数据由串行口 TXD 端输出，通过 74LS05 反向驱动，经光电耦合器送到驱动芯片 75174 的输入端，75174 将输入的 TTL 信号转换为符合 RS-422 标准的差动信号输出，经传输线（双绞线）将

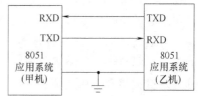

图 9.13　双机异步通信接口电路

信号传送到接收端，接收芯片 75175 将差动信号转换为 TTL 信号，通过 74LS05 反向后，经光电耦合器到达接收机串行口的接收端。

每个通道的接收端都有 3 个电阻 $R1$、$R2$、$R3$。其中，$R1$ 为传输线的匹配电阻，取值为 $100\sim1\mathrm{k}\Omega$，其他两个电阻是为了解决第一个数据的误码而设置的匹配电阻。值得注意的是，光电耦合器必须使用两组独立的电源，只有这样，才能起到隔离、抗干扰的作用。

9.5.3 PC 和单片机之间的通信应用

在数据处理和过程控制应用领域，通常需要一台 PC，由它来管理一台或若干台以单片机为核心的智能测量控制设备，这时就需要实现 PC 和单片机之间的通信。本节介绍 PC 和

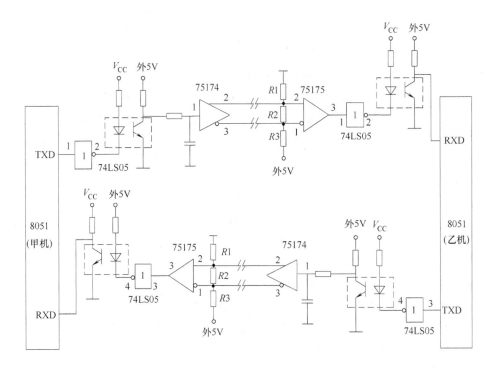

图 9.14 RS-422 双机异步通信接口电路

单片机的通信接口设计和软件编程。

（1）通信接口设计

PC 与单片机之间可以由 RS-232C 或 RS-422 等接口相连，关于这些标准接口的特征前文已经介绍过。

在 PC 系统内配置异步通信适配器，利用它可以实现异步串行通信。该适配器的核心元件是可编程的 Intel8250 芯片，它使 PC 有能力与其他具有标准的 RS-232C 接口的计算机或设备进行通信。而 8051 单片机本身具有一个全双工的串行口，因此，只要配以电平转换的驱动电路、隔离电路，就可组成一个简单可行的通信接口。同样，PC 和单片机之间的通信也分为双机通信和多机通信。

PC 和单片机最简单的连接是零调制三线经济型。这是进行全双工通信所必须的最少线路。因为 8051 单片机输入、输出电平为 TTL 电平，而 PC 配置的是 RS-232C 标准接口，两者的电气规范不同，所以要加电平转换电路。常用的有 MC1488、MC1489 和 MAX232。图 9.15 给出了采用 MAX232 芯片的 PC 和单片机串行通信接口电路，与 PC 相连采用 9 芯标准插座。

（2）软件编程

【例 9.4】 编写一个实用的通信测试程序，其功能如下。

PC 向单片机发送一个字符"S"，表示通信开始。然后，再发送若干个字符（不含字符"S"）。单片机正确接收到字符后，再把这些字符发送给 PC，PC 将接收到的字符在屏幕上显示出来。

只要屏幕上显示的字符与所输入的字符相同，说明两者之间的通信正常。

通信协议：波特率为 2400bit/s；信息格式为 8 个数据位，1 个停止位，无奇偶校验位。

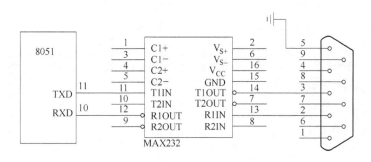

图 9.15 PC 和单片机串行通信接口

解 1）单片机通信程序

8051 单片机通过中断方式接收 PC 发送的数据并回送。单片机串行口工作在方式 1，晶振为 6MHz，波特率 2400bit/s，定时器 T1 按方式 2 工作，经计算定时器的预置初值为 F3H，SMOD=1。

汇编语言程序如下。

```
        ORG 0000H
        LJMP CSH                    ;转初始化程序
        ORG 0023H
        LJMP INTS                   ;转串行口中断程序
        ORG 0050H
CSH:    MOV TMOD,#20H               ;设置定时器 T1 为方式 2
        MOV TL1,#0F3H               ;设置预置值
        MOV TH1,#0F3H
        SETB TR1                    ;启动定时器 T1
        MOV SCON #50H               ;串行口初始化
        MOV PCON #80H
        SETB EA                     ;允许串行口中断
        SETB ES
        LJMP MAIN                   ;转主程序(主程序略)
        ......
INTS:   CLR EA                      ;关中断
        CLR RI                      ;清串行口中断标志
        PUSH DPL                    ;保护现场
        PUSH DPH
        PUSH A
        MOV A,SBUF                  ;接收 PC 发送的数据
        CJNE A,#53H,Feedback        ;接收字符是否为"S"，非"S"则转至回送
                                    ;字符"S"的 ASCII 码为 53H
        SETB TF0                    ;是"S"，置开始通信标志位
        SJMP Succeed                ;退出中断服务程序
```

```
Feedback：MOV SBUF,A          ;将数据回送给 PC
WAIT：    JNB TI,WAIT          ;等待发送
          CLR TI
Succeed： POP A                ;发送完,恢复现场
          POP DPH
          POP DPL
          SETB EA              ;开中断
          RETI                 ;返回
```

C51 语言程序如下。

```
＃include ＜reg52.h＞
unsigned char   rec_Buf[10];        // 接收缓冲区
unsigned char send_Buf[10];         // 发送缓冲区
unsigned char RcvBuf;
bit HasRcv＝0;                       // 有效通信标志
unsigned char n;                    // 缓冲区单元序号
void SerialIO0() interrupt 4        // 中断函数
{
  if(RI)  {
            RI＝0;          rec_Buf[n]＝SBUF; //
            if(rec_Buf[n]＝＝"S")     HasRcv＝1;    // 接收到"S"字符,设置有效
                                                  通信标志

        }
    else
        {
            TI＝0;
            if(HasRcv ＝＝ 1)   SBUF＝ rec_Buf[n];   // 符合通信协议,返回数据
        }
  }
void main()
  {
    IE ＝   0x00;       // disable all interrupt
    TMOD＝0x20;        // 定时器 T1 工作于方式 2（8 位重装）
    TH1  ＝0xF3;        // 2400bit/s @ 12MHz
    TL1  ＝0xF3;
    PCON&＝0x7F;       // SMOD 位清零
    SCON＝0x50;        // 串行口工作方式设置
    TR1＝1; ES ＝ 1; EA ＝ 1; n＝0; HasRcv＝0;
  while (1){   }
  }
```

2）PC 通信程序

PC 方面的通信程序可以用汇编语言编写，也可以用其他高级语言（如 VC、VB）编写。下面只介绍用高级语言 VB6.0 编写的程序。在编程的时候，要用到 MSComm 控件。

VB6.0 的 MSComm 通信控件提供了一系列标准通信命令的接口，它允许建立串口连接，可以连接到其他通信设备（如 Modem），还可以发送命令、进行数据交换以及监视和响应在通信过程中可能发生的各种错误和事件，从而可以用它创建全双工、事件驱动的、高效实用的通信程序。但在实际通信软件设计过程中，MSComm 控件并非如想象中那样完美和容易控制。

程序的编制思路：PC 向单片机发送一个"S"，表示通信开始。然后，再发送若干个字符。单片机正确接收到字符后，再把这些字符发送给 PC，PC 将接收到的字符在屏幕上显示出来。

程序如下。

```
//------------------------------初始化串口设计-------------------------
Private Sub Form_Load()
    Comm1.Setting="2400,n,8,1,"        '设置波特率和发送字符格式
    Comm1.CommPort=1                   '设置通信串口
    Comm1.InputLen=0                   '设置一次从接收缓冲区中读取字节数
                                       '0 表示一次读取所有数据

    Comm1.InBuffersize=512
    Comm1.InBufferCount=0
    Comm1.OutBufferCount=0
    Comm1.Rthreshold=1
    Comm1.PortOpen=True                    '打开串口
End Sub
//------------------------------给单片机发送"S"；开始通信-------------------------
Private Sub Command1_Click()
    Timer1.Enabled=True
End Sub
Private Sub Command2_Click()
    Varbuffet="S"                      '向单片机发送数据（字符"S"）
    Comm1.Ouput=varbuffe
    Timer2.Enabled=True
End Sub

Private Sub Form_Unload(Cancel As Integer)
    Comm1.PortOpen=False
End Sub
//------------------------------向单片机发送数据-------------------------
Private Sub Timer2_Timer()
    Outputsignal=Str(Text2.text)        '向单片机发送数据（字符）
    Temp(1)=Cbyte(outputsignal)
```

```
        Varbuffer＝temp
        Comml. Output＝varbuffer
        Timer2. Enabled＝False
End Sub
//-------------------------------------接收单片机发送的数据,并显示-----------------------------
Private Sub Comm1_OnComm()
Select Case Comm1. CommEvent          '设置 OnComm 事件,读取接收的字符
        Case comEvReceive
                Inputsignal＝comm1. Input
                Text1. Text＝Asc(Inputsignal)   '接收的字符用 textbox 显示出来
        Case Else
End select
End Sub
```

习题与思考题

9.1　串行通信有几种数据传输方式？特点是什么？

9.2　并行通信和串行通信各有什么特点？它们分别适用于什么场合？

9.3　波特率是什么含义？某异步通信，串行口每秒传送 250 个字符，每个字符由 11 位组成，其波特率应为多少？

9.4　单片机串行口有几种工作方式？各有什么特点？

9.5　定时器 T1 用作串行口波特率发生器，若已知系统晶振频率和通信选用的波特率，如何计算其初值？

9.6　结合【例 9.3】，若将 A 机片外 RAM 从 3000H 开始的 10 个单元数据发送到 B 机，并存放在片外 RAM 4000H 开始的单元内，怎样修改程序？

一、数据传送指令

序号	助记符	指令功能	机器码	字节数	机器周期数
1	MOV A,Rn	A←Rn	E8H～EFH	1	1
2	MOV A,direct	A←(direct)	E5H direct	2	1
3	MOV A,@Ri	A←(Ri)	E6H～E7H	1	1
4	MOV A,#data	A←data	74H data	2	1
5	MOV Rn,A	Rn←A	F8H～FFH	1	1
6	MOV Rn,direct	Rn←(direct)	A8H～AFH direct	2	1
7	MOV Rn,#data	Rn←data	78H～7FH data	2	1
8	MOV direct,A	(direct)←A	F5H direct	2	1
9	MOV direct,Rn	(direct)←Rn	88H～8FH direct	2	1
10	MOV direct1,direct2	(direct1)←(direct2)	85H direct2 direct1	3	2
11	MOV direct,@Ri	(direct)←(Ri)	86H～87H direct	2	2
12	MOV direct,#data	(direct)←data	75H direct data	3	2
13	MOV @Ri,A	(Ri)←A	F6H～F7H	1	1
14	MOV @Ri,direct	(Ri)←(direct)	A6H～A7H direct	2	2
15	MOV @Ri,#data	(Ri)←data	76H～77H data	2	1
16	MOV DPTR,#data16	DPTR←data16	90H data16	3	2
17	MOVX A,@Ri	A←(Ri)	E2H～E3H	1	2
18	MOVX A,@DPTR	A←(DPTR)	E0H	1	2
19	MOVX @Ri,A	(Ri)←A	F2H～F3H	1	2
20	MOVX @DPTR,A	(DPTR)←A	F0H	1	2
21	MOVC A,@A+DPTR	A←(A+DPTR)	93H	1	2
22	MOVC A,@A+PC	PC←PC+1,A←(A+PC)	83H	1	2
23	PUSH direct	SP←SP+1,SP←(direct)	C0H direct	2	2
24	POP direct	(direct)←(SP),SP←SP−1	D0H direct	2	2
25	XCH A,Rn	A↔Rn	C8H～CFH	1	1
26	XCH A,direct	A↔(direct)	C5H direct	2	1
27	XCH A,@Ri	A↔(Ri)	C6H～C7H	1	1
28	XCHD A,@Ri	A3～0↔(Ri)3～0	D6H～D7H	1	1
29	SWAP A	A7～4↔A3～0	C4H	1	1

二、算数运算指令

序号	助记符	指令功能	机器码	字节数	机器周期数
1	ADD A,Rn	A←A+Rn	28H~2FH	1	1
2	ADD A,direct	A←A+(direct)	25H direct	2	1
3	ADD A,@Ri	A←A+(Ri)	26H~27H	1	1
4	ADD A,#data	A←A+data	24H data	2	1
5	ADDC A,Rn	A←A+Rn+Cy	38H~3FH	1	1
6	ADDC A,direct	A←A+(direct)+Cy	35H direct	2	1
7	ADDC A,@Ri	A←A+(Ri)+Cy	36H~37H	1	1
8	ADDC A,#data	A←A+data+Cy	34H data	2	1
9	DA A	对 A 进行 BCD 码调整	D4H	1	1
10	INC A	A←A+1	04H	1	1
11	INC Rn	Rn←Rn+1	08H~0FH	1	1
12	INC direct	(direct)←(direct)+1	05H direct	2	1
13	INC @Ri	(Ri)←(Ri)+1	06H~07H	1	1
14	INC DPTR	DPTR←DPTR+1	A3H	1	2
15	SUBB A,Rn	A←A−Rn−Cy	98H~9FH	1	1
16	SUBB A,direct	A←A−(direct)−Cy	95H direct	2	1
17	SUBB A,@Ri	A←A−(Ri)−Cy	96H~97H	1	1
18	SUBB A,#data	A←A−data−Cy	94H data	2	1
19	DEC A	A←A−1	14H	1	1
20	DEC Rn	Rn←Rn−1	18H~1FH	1	1
21	DEC direct	(direct)←(direct)−1	15H direct	2	1
22	DEC @Ri	(Ri)←(Ri)−1	16H~17H	1	1
23	MUL AB	B(高 8 位)A(低 8 位)←A×B	A4H	1	4
24	DIV AB	A(商)、B(余数)← A ÷ B	84H	1	4

三、逻辑传送指令

序号	助记符	指令功能	机器码	字节数	机器周期数
1	ANL A,Rn	A←A∧Rn	58H~5FH	1	1
2	ANL A,direct	A←A∧(direct)	55H direct	2	1
3	ANL A,@Ri	A←A∧(Ri)	56H~57H	1	1
4	ANL A,#data	A←A∧data	54H data	2	1
5	ANL direct,A	(direct)←(direct)∧A	52H direct	2	1
6	ANL direct,#data	(direct)←(direct)∧data	53H direct data	3	2
7	ORL A,Rn	A←A∨Rn	48H~4FH	1	1
8	ORL A,direct	A←A∨(direct)	45H direct	2	1

序号	助记符	指令功能	机器码	字节数	机器周期数
9	ORL A,@Ri	A←A∨(Ri)	46H~47H	1	1
10	ORL A,#data	A←A∨data	44H data	2	1
11	ORL direct,A	(direct)←(direct)∨A	42H direct	2	1
12	ORL direct,#data	(direct)←(direct)∨data	43H direct data	3	2
13	XRL A,Rn	A←A⊕Rn	68H~6FH	1	1
14	XRL A,direct	A←A⊕(direct)	65H direct	2	1
15	XRL A,@Ri	A←A⊕(Ri)	66H~67H	1	1
16	XRL A,#data	A←A⊕data	64H data	2	1
17	XRL direct,A	(direct)←(direct)⊕A	62H direct	2	1
18	XRL direct,#data	(direct)←(direct)⊕data	63H direct data	3	2
19	CLR A	A←0	E4H	1	1
20	CPL A	A←$\overline{A}$	F4H	1	1
21	RL A	A0~A7,A7~1←A6~0	23H	1	1
22	RLC A	Cy←A7,A7~1←A6~0,A0←Cy	33H	1	1
23	RR A	A7←A0,A6~0←A7~1	03H	1	1
24	RRC A	Cy←A0,A6~0←A7~1,A7←Cy	13H	1	1

四、控制转移指令

序号	助记符	指令功能	机器码	字节数	机器周期数
1	SJMP rel	PC←PC+2,PC←PC+rel	80H rel	2	2
2	AJMP addr11	PC←PC+2,PC10~0←addr11	①	2	2
3	LJMP addr16	PC←PC+3, PC←addr16	02H addr16	3	2
4	JMP @A+DPTR	PC←PC+1,PC←A+DPTR	73H	1	2
5	JZ rel	若A=0,则PC←PC+2+rel 若A≠0,则PC←PC+2	60H rel	2	2
6	JNZ rel	若A≠0,则PC←PC+2+rel 若A=0,则PC←PC+2	70H rel	2	2
7	CJNE A,direct,rel	若A≠(direct),则PC←PC+3+rel 若A=(direct),则PC←PC+3 若A≥(direct),则Cy=0;否则,Cy=1	B5H direct rel	3	2
8	CJNE A,#data,rel	若A≠data,则PC←PC+3+rel 若A=data,则PC←PC+3 若A≥data,则Cy=0;否则,Cy=1	B4H data rel	3	2
9	CJNE Rn,#data,rel	若Rn≠data,则PC←PC+3+rel 若Rn=data,则PC←PC+3 若Rn≥data,则Cy=0;否则,Cy=1	B8H~BFH data rel	3	2

序号	助记符	指令功能	机器码	字节数	机器周期数
10	CJNE @Ri,♯data,rel	若(Ri)≠data,则PC←PC+3+rel 若(Ri)=data,则PC←PC+3 若(Ri)≥data,则Cy=0;否则,Cy=1	B6H～B7H　data　rel	3	2
11	DJNZ Rn,rel	若Rn-1≠0,则PC←PC+2+rel 若Rn-1=0,则PC←PC+2	D8H～DFH　rel	2	2
12	DJNZ direct,rel	若(direct)-1≠0,则PC←PC+3+rel 若(direct)-1=0,则PC←PC+3	D5H　direct　rel	3	2
13	ACALL addr11	PC←PC+2,SP←SP+1,(SP)←PC7～0, SP←SP+1,(SP)←PC15～8, PC10～0←addr11	②	2	2
14	LCALL addr16	PC←PC+3,SP←SP+1,(SP)←PC7～0, SP←SP+1,(SP)←PC15～8, PC←addr16	12H　addr16	3	2
15	RET	PC15～8←(SP),SP←SP-1 PC7～0←(SP),SP←SP-1	22H	1	2
16	RETI	PC15～8←(SP),SP←SP-1 PC7～0←(SP),SP←SP-1	32H	1	2
17	NOP	PC←PC+1	00H	1	1

① a10a9a800001a7a6a5a4a3a2a1a0。

② a10a9a810001a7a6a5a4a3a2a1a0。

五、位操作指令

序号	助记符	指令功能	机器码	字节数	机器周期数
1	MOV C,bit	Cy←(bit)	A2H　bit	2	2
2	MOV bit,C	bit←Cy	92 H　bit	2	2
3	CLR C	Cy←0	C3H	1	1
4	CLR bit	(bit)←0	C2H　bit	2	1
5	SETB C	Cy←1	D3H	1	1
6	SETB bit	(bit)←1	D2H　bit	2	1
7	ANL C,bit	Cy←Cy∧(bit)	82H　bit	2	2
8	ANL C,/bit	Cy←Cy∧($\overline{\text{bit}}$)	B0H　bit	2	2
9	ORL C,bit	Cy←Cy∨(bit)	72H　bit	2	2
10	ORL C,/bit	Cy←Cy∨($\overline{\text{bit}}$)	A0H　bit	2	2
11	CPL C	Cy←$\overline{\text{Cy}}$	B3H	1	1
12	CPL bit	(bit)←($\overline{\text{bit}}$)	B2H　bit	2	1
13	JC rel	若Cy=1,则PC←PC+2+rel 若Cy=0,则PC←PC+2	40H　rel	2	2

序号	助记符	指令功能	机器码	字节数	机器周期数
14	JNC rel	若 Cy＝0,则 PC←PC＋2＋rel 若 Cy＝1,则 PC←PC＋2	50H rel	2	2
15	JB bit,rel	若(bit)＝1,则 PC←PC＋3＋rel 若(bit)＝0,则 PC←PC＋3	20H bit rel	3	2
16	JNB bit,rel	若(bit)＝0,则 PC←PC＋3＋rel 若(bit)＝1,则 PC←PC＋3	30H bit rel	3	2
17	JBC bit,rel	若(bit)＝1,则 PC←PC＋3＋rel, 且 bit←0 若(bit)＝0,则 PC←PC＋3	10H bit rel	3	2

参 考 文 献

[1]　谢维成，杨家国. 单片机原理、接口及应用系统设计 [M]. 北京：电子工业出版社，2011.

[2]　胡汉才. 单片机原理及其接口技术 [M]. 第 3 版. 北京：清华大学出版社，2010.

[3]　王守忠，聂元铭. 51 单片机开发入门与典型实例 [M]. 北京：人民邮电出版社，2009.

[4]　李晓林等. 单片机原理与接口技术 [M]. 第 3 版. 北京：电子工业出版社，2015.

[5]　黄勤. 单片机原理及应用 [M]. 北京：清华大学出版社，2010.

[6]　段晨东. 单片机原理及接口技术 [M]. 北京：清华大学出版社，2008.

[7]　郭天祥. 新概念 51 单片机 C 语言教程——入门、提高、开发、拓展全攻略 [M]. 北京：电子工业出版社，2009.

[8]　梅丽凤. 单片机原理及接口技术 [M]. 第 4 版. 北京：清华大学出版社，2018.

[9]　张义和，陈敌北. 例说 8051 [M]. 第 3 版. 北京：人民邮电出版社，2010.

[10]　吴亦锋，陈德为. 单片机原理与接口技术 [M]. 第 2 版. 北京：电子工业出版社，2014.

[11]　周润景，蔡雨恬. PROTEUS 入门实用教程 [M]. 第 2 版. 北京：机械工业出版社，2011.

[12]　何立民. 单片机高级教程——应用与设计 [M]. 北京：北京航空航天大学出版社，2007.

[13]　高洪志. MCS-51 单片机原理及应用技术教程 [M]. 北京：人民邮电出版社，2009.

[14]　何立民. 单片机应用技术选编（二）[M]. 北京：北京航空航天大学出版社，2000.

[15]　李华. MCS-51 系列单片机实用接口技术 [M]. 北京：北京航空航天大学出版社，2002.

[16]　桑胜举，沈丁. 单片机原理及应用 [M]. 北京：中国铁道出版社，2010.

[17]　刘建清. 从零开始学单片机技术 [M]. 北京：国防工业出版社，2006.

[18]　关丽荣. 单片机原理、接口及应用 [M]. 北京：国防工业出版社，2015.